◎

目录

一 反证法

1 在正面证明时，不能假设结论成立而用于推理论证，但在反面证明时，却可以假设结论不成立而用于论证，这相当于增加了一个条件，从而常常导致反面证明更强有力或者更便捷一些.

2 结论是"不可能…"，"不存在…"和"没有…"的命题称为否定命题. 证明否定命题，绝大多数命题都使用反证法.

3 命题的结论是相当多甚至无穷多的对象都具有某种性质，不易一一验证或无法一一验证，可以考虑使用反证法，去假设有一个对象不成立，而去导出矛盾.

4 命题的结论是具有某种性质的元素或元素集合的存在性，而其存在的形式或位置很不确定或难于捉摸，可以考虑使用反证法，假设之不存在而去导出矛盾.

5 有些命题从已知条件出发，不易或不能导出结论，常常显得条件不足，短时间内无法解决. 这时可以考虑反证法，试试加了一个反证假设之后能否解决问题.

6. 有些题目既可以正面证明又可以反面证明，但正面证明时需要分情况讨论，反证时则可简捷一些，当然宜用反证法.

7. 反证法是证题的基本方法之一，使用范围相当广阔，与正面方法同等重要. 当正面证明受阻时，应及时试用反证法，看看反证的路子可否走通.

8. 反证法常常与抽屉原理、不变量及换序求和等方法联用.

9. 奇偶性分析法是常用的反证法.

1　设 a,b,c 是3个互异的整数而 $P(x)$ 是一个整系数多项式，求证不可能同时有 $P(a)=b$，$P(b)=c$，$P(c)=a$。

（1974年美国数学奥林匹克）

证　若不然，则有互异的整数 a,b,c 使得 $P(a)=b$，$P(b)=c$，$P(c)=a$。由轮换对称性知可设 $a>b$，$a>c$。

若 $b>c$，则有

$$0<\left|\frac{P(c)-P(a)}{c-a}\right|=\left|\frac{a-b}{c-a}\right|<1. \quad ①$$

另一方面，设

$$P(x)=a_nx^n+a_{n-1}x^{n-1}+\cdots+a_1x+a_0,$$

其中诸 a_j 均为整数，于是又有

$$P(c)-P(a)=\sum_{j=0}^{n}a_j(c^j-a^j)=(c-a)\sum_{j=0}^{n}a_j\left(\sum_{k=0}^{j-1}c^ka^{j-k-1}\right). \quad ②$$

这表明比值

$$\frac{P(c)-P(a)}{c-a}$$

为整数，但(1)式又表明这个比值不可能为整数，矛盾。

若 $b<c$，则有

$$0<\left|\frac{P(a)-P(b)}{a-b}\right|=\left|\frac{b-c}{a-b}\right|<1.$$

这表明比值 $[P(a)-P(b)]/(a-b)$ 不能是整数。而象②一样地又可证明这个比值是整数，矛盾。

2　共有27个国家参加一次国际会议，每国都是两名代表。求证不可能将这54名代表安排在一张圆桌的周围就座，使得任何一国的两位代表之间都隔着9个人。（1988年南斯拉夫数学奥林匹克）

证1　若不然，则存在一种排座次法使得每个国家的两名代表之间都隔着9个人。

将54个座位从1到54依次编号，不妨设1号与11号位的两名代表是一个国家的。于是21号的代表不能与11号代表同国，而只能与31号同国。

{1, 11}，{21, 31}，{41, 51}，{7, 17}，{27, 37}，{47, 3}，

{13, 23}，{33, 43}，{53, 9}，{19, 29}，{39, 49}，{5, 15}，

{25, 35}，{45, x}。

这表明，45号代表既不能与35号同国，也不能与1号同国，矛盾。

证2　若不然，则存在一种排座次法，使得每个国家的两名代表之间都隔着9个人。

将54人按座位的顺时针顺序从1至54编号。由于每个国家的两名代表之间都隔着9个人，所以每个国家的两位代表的奇偶性均相同。将每个国家两名代表的号码算一组，54个号码分成27组，至少有一组号码奇偶性不同，矛盾。　奇偶性分析法

证3　任取27国中两个国家的4名代表来看。若甲国的两人之间有乙国1人，则乙国的两人之间所隔的9人中也有甲国1人；若甲国两人之间所隔的9人中没有乙国代表，则乙国两人之间也没有甲

国的代表．可见，甲国和乙国两人之间互夹的代表数或为2或为0，总是偶数．因此，所有国家所夹人数之总数应为偶数．

另一方面，每个国家的两人之间夹有9人，27个国家所夹人数之和应为27×9，是奇数，矛盾．

证4　若不然，设题中要求的排座法存在．用圆上的54个等分点来代表54位代表，于是每个国家的两名代表所对应的两点之间都隔着9个点．将每个国家两名代表所对应的两点之间连一条线段．于是得到一个图，每点度数都是1，54个顶点之间恰连有27条边．

容易看出，每条线段与其他线段都恰有9个交点，共有$27\times9=243$个交点，交点总数为奇数．【图论方法】

另一方面，每个交点都是两条线的交点，在上述计数过程中，在两条线段上各计1次，即每个交点恰被计数两次，所以总数应为偶数．矛盾．

3　坐标平面上两个坐标都是整数的点称为整点.试证平面上任何3个整点都不能是一个正三角形的3个顶点.

证1　设有3个整点A，B，C是一个正三角形的3个顶点.设△ABC边长为r，不妨设A为原点，记∠BAX = θ，于是∠CAX = 60°+θ.记B和C的坐标分别为(a，b)，(x，y)，其中a，b，x，y都是整数.于是

$$a = r\cos\theta,\ b = r\sin\theta.$$

$$\therefore x = r\cos(60^\circ+\theta)$$
$$= r\left(\frac{1}{2}\cos\theta - \frac{\sqrt{3}}{2}\sin\theta\right)$$
$$= \frac{1}{2}a - \frac{\sqrt{3}}{2}b,$$
$$y = r\sin(60^\circ+\theta) = \frac{1}{2}b + \frac{\sqrt{3}}{2}a.$$

C(x，y)　B(a，b)　A　X　θ

∵ a和b都是整数且至少有1个不为0，

∴ x和y至少有1个是无理数，而不能为整数.

矛盾.

证2　设有3个整点$A(x_1,y_1)$，$B(x_2,y_2)$和$C(x_3,y_3)$使得△ABC是正三角形，其中x_1，y_1，x_2，y_2，x_3，y_3都是整数.显然，△ABC的3边中至少有两条不与y轴平行，不妨设为AB与AC.于是直线AB，AC的斜率分别为

$$k_{AB} = \frac{y_2-y_1}{x_2-x_1},\qquad k_{AC} = \frac{y_3-y_1}{x_3-x_1}.$$

又由两条直线的夹角公式有

$$\tan A = \left|\frac{k_{AC}-k_{AB}}{1+k_{AC}\cdot k_{AB}}\right| = \left|\frac{\dfrac{y_3-y_1}{x_3-x_1}-\dfrac{y_2-y_1}{x_2-x_1}}{1+\dfrac{y_3-y_1}{x_3-x_1}\cdot\dfrac{y_2-y_1}{x_2-x_1}}\right|.$$

上式右端是整数的四则运算，所得结果当然是有理数. 但是，左端的 $\tan A=\tan 60^\circ=\sqrt{3}$ 却是无理数，矛盾.

证3　若不然，设有3个整点 $A(x_1,y_1)$，$B(x_2,y_2)$ 和 $C(x_3,y_3)$，使得 $\triangle ABC$ 为正三角形. 于是

$$S_{\triangle ABC}=\left|\frac{1}{2}\begin{vmatrix}x_1 & y_1 & 1\\ x_2 & y_2 & 1\\ x_3 & y_3 & 1\end{vmatrix}\right|.$$

面积法

有理数与无理数的矛盾

显然，$S_{\triangle ABC}$ 为有理数.

另一方面，又有

$$S_{\triangle ABC}=\frac{1}{2}AB\cdot AC\sin 60^\circ=\frac{\sqrt{3}}{4}\left\{(x_2-x_1)^2+(y_2-y_1)^2\right\},$$

表明 $S_{\triangle ABC}$ 为无理数，矛盾. 从而原命题成立.

4. 试证任何一个周长为$2a$的多边形，总可以用一个直径为a的圆纸片把它完全盖住。

证 设W是一个周长为$2a$的多边形。在多边形W的周界上取两点A和B，使它们平分多边形的周界，即两点恰将周界分成长为a的两部分。于是$AB<a$。

记AB的中点为O。以O为圆心，a为直径作⊙O。证我们来证明直径为a的圆纸片的边界重合于⊙O时，就完全盖住了W。

若不然，设有多边形W的周界上的点C在⊙O之外，则$OC>\frac{a}{2}$。连结CA，CB，于是CO为△ABC的AB边上的中线。

大于与不大于的矛盾

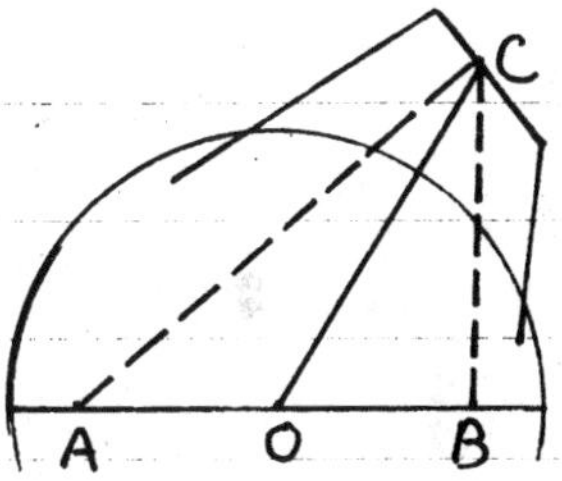

$$\therefore AC+CB>2CO=a.$$

另一方面，点A，C，B所在的多边形W的半周长为a，又有

$$AC+CB\leqslant a.$$

矛盾。

5　在一个平面上给定无穷多个点，使得它们两两之间的距离都是整数，求证这些点都在一条直线上。(1958年普特南竞赛)

证　若不然，则存在3个给定点A，B，C，使这3点不共线且AB $=r$，AC $=s$ 和BC都是整数。

设点P是异于A，B，C的任一给定点，于是由三角不等式有

$$|PA-PB|\leq AB=r,$$

即 $|PA-PB|$ 是整数 $0,1,2,\cdots,r$ 中的一个。当 $|PA-PB|=r$ 时，点P位于

$$H_r=\text{直线}AB-[A,B]$$

上；当 $|PA-PB|=0$ 时，$PA=PB$，点P位于

$$H_0=\text{线段}AB\text{的中垂线}$$

上；当 $|PA-PB|=i$，$1\leq i\leq r-1$ 时，点P位于双曲线

$$H_i=\{X\mid |XA-XB|=i\},\quad 1\leq i\leq r-1$$

上。同理，点P也必落在直线及双曲线

有限与无限的矛盾

$$K_0=\text{线段}AC\text{的中垂线},$$

$$K_s=\text{直线}AC,$$

$$K_j=\{X\mid |XC-XA|=j\},\quad j=1,2,\cdots,s-1$$

之一上。由此可知，点P必落在集合

$$H_i\cap K_j,\quad i=0,1,\cdots,r,\ j=0,1,\cdots,s$$

之一上。由于A，B，C三点不共线，所以

$$|H_i\cap K_j|\leq 4,\quad i=0,1,\cdots,r,\ j=0,1,\cdots,s.$$

因此，集合

$$M=\bigcup_{i,j}(H_i\cap K_j)$$

的点数不超过 $4(r+1)(s+1)$，为有限集，此与给定点有无穷多个矛盾．所以这无穷多个给定点必然都在一条直线上．

6　在平面上给定 $n(\geq 5)$ 个不同的圆，其中任何 3 个圆都有公共点，求证这 n 个圆必有公共点.

证　若不然，则这 n 个圆没有公共点，但其中任何 3 个圆都有公共点.

设点 A 是 3 个给定圆 $\odot C_1$，$\odot C_2$，$\odot C_3$ 的公共点. 因为 A 不是所有圆的公共点，所以必存在一个给定圆 $\odot C_4$，使 $\odot C_4$ 不过点 A.

若 $\odot C_1$，$\odot C_2$，$\odot C_3$ 中有两圆切于点 A，则 $\odot C_4$ 与此两圆共 3 个圆没有公共点，与已知矛盾. 故知 $\odot C_1$，$\odot C_2$，$\odot C_3$ 必两两相交.

若 $\odot C_1$，$\odot C_2$，$\odot C_3$ 除点 A 之外还有一个公共点 B，则因 $\odot C_1$，$\odot C_2$，$\odot C_4$ 有公共点，所以 $\odot C_4$ 必过点 B. 又因 $n\geq 5$ 且 B 不是所有圆的公共点，所以存在 $\odot C_5$ 不过点 B. 与前类似地可证 $\odot C_5$ 必过点 A. 设 $\odot C_4$ 与 $\odot C_1$，$\odot C_2$，$\odot C_3$ 的另一个交点分别为 P，Q，R，则 P，Q，R 3 点互不相同. 又因 $\odot C_1$，$\odot C_4$，$\odot C_5$ 有公共点，所以 $\odot C_5$ 必过点 P. 同理，$\odot C_5$ 必过点 Q 和 R. 从而 $\odot C_5$ 与 $\odot C_4$ 重合. 此不可能. 所以 $\odot C_1$，$\odot C_2$，$\odot C_3$ 只能有唯一的公共点且 3 个圆两两相交. 记 $\odot C_1\cap\odot C_2=\{A, M_3\}$，$\odot C_2\cap\odot C_3=\{A, M_1\}$，$\odot C_3\cap\odot C_1=\{A, M_2\}$.

考察 $\odot C_1$，$\odot C_2$，$\odot C_4$. 3 个圆有公共点但 $\odot C_4$ 不过点 A，所以 $\odot C_4$ 必过点 M_3. 同理 $\odot C_4$ 必过点 M_1 和 M_2. 因为 $n\geq 5$，故还有 $\odot C_5$. 这时由于 $\odot C_i$，$\odot C_j$，$\odot C_5$ $(1\leq i<j\leq 4)$ 必有公共点，所以 $\odot C_5$ 必过 $\{A, M_1, M_2, M_3\}$ 中任何一对点中之一点，从而必过 4 点中的至少 3 点. 而这 4 点中的任何 3 点恰好确定 $\odot C_1$，$\odot C_2$，$\odot C_3$，$\odot C_4$ 之一. 这导致 $\odot C_5$ 与前 4 个圆之一重合，矛盾.

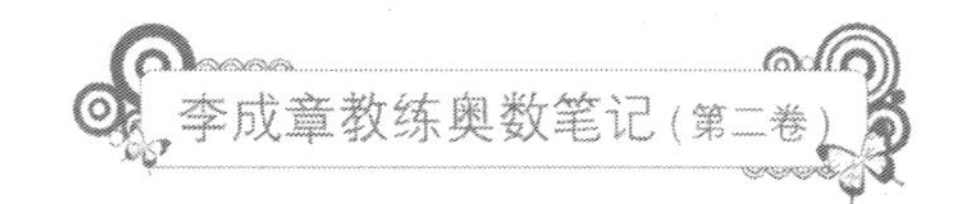

7 能否将一个凸多边形划分成若干个非凸的四边形？

（1975年莫斯科数学奥林匹克）

解 设凸多边形M被划分成n个非凸四边形．这时，n个四边形的内角和为$2n\pi$．

如果四边形的某个顶点处的内角大于π，则称该顶点为四边形的凹点．显然，凹点不会位于凸多边形M的边界上，并且任何两个四边形的凹点都不重合．由此可知，n个非凸四边形的至少n个凹点互不相同且全部位于多边形M的内部．因此，这n个非凸四边形的内角和将大于$2n\pi$，矛盾．

可见，不可能将一个凸多边形划分成若干个非凸多边形．

8 设 $f(x)$ 为整系数多项式，a、b、c 是3个互异的整数且使 $|f(a)|=|f(b)|=|f(c)|=1$，求证 $f(x)$ 没有整数根.

（1967年波兰数学奥林匹克）

证 若不然，设 $f(x)$ 有整数根 x_0，于是可写成

$$f(x)=(x-x_0)\varphi(x),$$

其中 $\varphi(x)$ 为整系数多项式. 由已知有

$$1=|f(a)|=|(a-x_0)\varphi(a)|.$$

因为 $|\varphi(a)|$ 为整数，所以 $|a-x_0|$ 为正整数且为1的约数，所以

$$|a-x_0|=1.$$

3个根互异与其中两根相同的矛盾

同理有

$$|b-x_0|=1,\ |c-x_0|=1.$$

因而有

$$a, b, c\in\{x_0-1,\ x_0+1\}.$$

由抽屉原理知，a，b，c 这3个数中至有两个相等. 此与已知这3个数互不相同矛盾. 所以 $f(x)$ 没有整数根.

9　若在两个相邻的完全平方数之间有若干个互不相同的自然数，则它们之中两两之积互不相等．（1983年全苏数学奥林匹克）

证　若不然，则有自然数 n，a，b，c，d 满足

$$n^2<a<b<c<d<(n+1)^2,\quad ad=bc.$$

于是可写

$$\frac{d}{b}=\frac{c}{a}=\frac{p}{q},\quad p>q \text{ 且 } (p,q)=1. \qquad ①$$

因而有

$$p\geqslant q+1,\quad \frac{p}{q}\geqslant 1+\frac{1}{q}. \qquad ②$$

由①知 a 和 b 都是 q 的倍数且 $b>a$，所以有 $b\geqslant a+q$．于是由此及①、②两式有

$$1+\frac{1}{q}\leqslant\frac{p}{q}=\frac{d}{b}\leqslant\frac{d}{a+q}<\frac{(n+1)^2}{n^2+q},$$

$$(q+1)(n^2+q)<q(n+1)^2,$$

$$qn^2+n^2+q^2+q<qn^2+2nq+q$$

$$n^2+q^2<2nq$$

$$(n-q)^2<0,$$

小于0与不小于0的矛盾

矛盾．

10　空间中给定 $2n$ 个点 $(n\geq 2)$，其中任何4点都不共面，它们之间连有 n^2+1 条线段，求证图中必有三角形.

证1　设图中没有三角形. 设所有点中点A度数最大，$d(A)=k$，从它连出的 k 条边为 AB_i，$i=1,2,\cdots,k$. 由于图中没有三角形，故 $B_1,B_2,\cdots,B_k$ 之间没有连线. 这样一来，除了前述的 k 条线之外，每条线都是从除了 $A,B_1,\cdots,B_k$ 之外的 $2n-k-1$ 个顶点引出的，而这些顶点的度数都不超过 k，所以，图中边数

$$m\leq k(2n-k)\leq n^2.$$

此与边数为 n^2+1 矛盾. 所以图中必有三角形.

证2　若不然，则图中没有三角形.

若图中存在一条边，它的两个端点的度数之和 $\geq 2n+1$，则由它的两个端点向另外 $2n-2$ 个顶点所引的线段条数 $\geq 2n-1$，从而必有三角形. 所以在反证假设之下，每条边的两个端点度数之和都 $\leq 2n$. 再对图中的 n^2+1 条边求和，则所有边的两个端点度数之和的总和

$$S\leq 2n(n^2+1)=2n^3+2n. \quad ①$$

另一方面，设 $2n$ 个顶点的度数分别为 $x_1,x_2,\cdots,x_{2n}$，于是

$$\sum_{i=1}^{2n}x_i=2(n^2+1).$$

对于边 A_iA_j，它的两个端点度数之和为 x_i+x_j，于是

$$S=\sum(x_i+x_j). \quad ②$$

其中求和是对所有边进行的. 点 A_i 度数为 x_i，即从点 A_i 共引出 x_i 条边，故在②式的求和中，x_i 恰出现 x_i 次，即点 A_i 对 S 的贡献为

x_i^2，从而得到

$$S=\sum_{i=1}^{2n}x_i^2.$$

由柯西不等式有

$$S=\sum x_i^2\geqslant\frac{1}{2n}\left(\sum_{i=1}^{2n}x_i\right)^2=\frac{1}{2n}\left[2(n^2+1)\right]^2=\frac{2}{n}(n^2+1)^2$$
$$=\frac{2n^4+4n^2+2}{n}=2n^3+4n+\frac{2}{n}>2n^3+4n. \quad ③$$

显然，③与①矛盾．

证3　当 $n=2$ 时，$2n=4$，$n^2+1=5$，这时4点之间连有5条线段，当然存在三角形，命题成立．

设命题于 $n=k$ 时成立．当 $n=k+1$ 时，$2k+2$ 个点间连有 $(k+1)^2+1$ 条线段．

任取图中一条边 AB，并设从 A，B 引向其余 $2k$ 个顶点的线段条数分别为 a 和 b．

若 $a+b\geqslant 2k+1$，则存在一点 C，与 A，B 两点都有连线，即 $\triangle ABC$ 存在．

若 $a+b\leqslant 2k$，则从图中去掉顶点 A 和 B，至多损失 $2k+1$ 条边．这时在余下的 $2k$ 点间，至少还有 $(k+1)^2+1-(2k+1)=k^2+1$ 条线段．由归纳假设知图中必有三角形．

综上可知，对所有 $n\geqslant 2$，图中都有三角形．

证4　当 $n=2$ 时，4点之间有5条边，图中当然存在三角形．即命题于 $n=2$ 时成立．

设命题于 $n=k$ 时成立 $(k\geq 2)$. 当 $n=k+1$ 时. $2k+2$ 个顶点之间连有 $(k+1)^2+1=k^2+2k+2$ 条线段. 于是所有顶点度数之和为 $2(k+1)^2+2$. 其中至少有一点 A, 使得 $d(A)\leq k+1$.

去掉点 A, 余下的 $2k+1$ 点间至少还有 $k(k+1)+1$ 条边. 于是这 $2k+1$ 点的度数之和为 $2k(k+1)+2=(2k+1)(k+1)-(k-1)$. 从而必有顶点 B, 使得 $d(B)\leq k$.

去掉点 B, 至多损失 k 条边. 余下的 $2k$ 个顶点之间至少还有 k^2+1 条边. 由归纳假设知其中必有三角形. 即命题于 $n=k+1$ 时成立. 这就完成了归纳证明.

11　求证不存在一个函数 $f: N \to N$，这里 $N=\{0,1,2,\cdots\}$，使对所有 $n\in N$，均有 $f(f(n))=n+1987$.

（1987年IMO4题之）

证　若不然，则存在一个函数 $f(n)$，使对所有 $n\in N$，均有

$$f(f(n))=n+1987. \quad ①$$

于是有

$$f(n+1987)=f(f(f(n)))=f(n)+1987.$$

由归纳法易证

$$f(n+1987t)=f(n)+1987t,\quad t\in N. \quad ②$$

任取 $r\in N$，$r\leqslant 1986$，由带余除法知有

$$f(r)=l+1987k, \quad ③$$

其中 $0\leqslant l\leqslant 1986$，$k\in N$. 于是由②有

$$r+1987=f(f(r))=f(l+1987k)=f(l)+1987k. \quad ④$$

因为 $r\leqslant 1986$，由④知，$k\in\{0,1\}$.

奇偶性的矛盾

若 $k=0$，则由③和④得到

$$f(r)=l,\quad f(l)=r+1987. \quad ⑤$$

若 $k=1$，则由④和③又得到

$$f(l)=r,\quad f(r)=l+1987. \quad ⑥$$

由⑤和⑥知 $r\neq l$. 于是 $\{0,1,2,\cdots,1986\}$ 中的数可以配对为 $\{r,l\}$ 且这些对互不相交. 这表明 $\{0,1,2,\cdots,1986\}$ 中的元素数应为偶数，矛盾.

12　设$\{a_n\}$为一个正数数列，a_1任意给定且有
$$a_{n+1}^2=a_n+1,\quad n=1,2,\cdots,$$
求证至少有一个n，使得a_n为无理数．（1988年加拿大数学奥林匹克）

证　若不然，则所有a_n都是有理数．于是可设
$$a_n=\frac{c_n}{b_n},\quad b_n,c_n\in\mathbf{N}^*,\ (b_n,c_n)=1.$$
由已知条件有
$$\frac{c_{n+1}^2}{b_{n+1}^2}=\frac{c_n}{b_n}+1=\frac{c_n+b_n}{b_n},$$
$$b_nc_{n+1}^2=b_{n+1}^2(c_n+b_n).$$
因为$(b_n,c_n)=1$，$(b_{n+1},c_{n+1})=1$，所以$(b_{n+1}^2,c_{n+1}^2)=1$，$(b_n+c_n,b_n)=1$．从而有
$$b_{n+1}^2=b_n,\quad c_{n+1}^2=c_n+b_n,\quad n=1,2,\cdots.$$
因此
$$b_1=b_2^2=(b_3^2)^2=\cdots=b_n^{2^{n-1}},\quad b_n=b_1^{\frac{1}{2^{n-1}}}.$$
若$b_1>1$，则当n充分大时总有$1<b_n<2$，与b_n为整数矛盾．可见$b_1=1$．这意味着有理数列$\{a_n\}$为正整数数列．

因为$a_{n+1}^2=a_n+1$，$a_{n+1}>1$，所以$a_{n+1}+1<2a_{n+1}\leqslant a_{n+1}^2$．故
$$a_{n+1}-a_n=a_{n+1}-a_{n+1}^2+1<0.$$
可见，数列$\{a_n\}$严格递减，所以a_n不可能都是正整数．矛盾．

所以，数列$\{a_n\}$中至少有一项为无理数．

实际上，还可以证明数列$\{a_n\}$中有无穷多项为无理数．

13　试证在一个球面上不可能放置3条各为300°的大圆弧，使得其中任何两条弧都没有公共点(包括弧的端点).

(1963年莫斯科数学奥林匹克)

证　若不然，设在球面上已经画出了三条各为300°的大圆弧S_1，S_2，S_3，使得其中任何两条弧都没有公共点(包括端点).将3条弧所在的3个大圆分别记为C_1，C_2，C_3，并记$S_1'=C_1-S_1$，$S_2'=C_2-S_2$，$S_3'=C_3-S_3$. 将大圆C_1与C_2，C_2与C_3，C_3与C_1分别相交的各两个对径点分别记为P，P'；Q，Q'和R，R'. 因为S_1，S_2和S_3中任何两条弧都没有公共点，故可设

$$S_1\cap S_2'=P,\ S_2\cap S_3'=Q,\ S_3\cap S_1'=R,$$

$$S_1'\cap S_2=P',\ S_2'\cap S_3=Q',\ S_3'\cap S_1=R'.$$

考察球的3条直径PP'，QQ'和RR'彼此相交所成的角. 因为$R,P'\in S_1'$，$P,Q'\in S_2'$，$Q,R'\in S_3'$，所以

$$\angle ROP'<60^\circ,\ \angle POQ'<60^\circ,\ \angle QOR'<60^\circ,$$

$$\angle POR'=\angle ROP'<60^\circ.$$

于是由三面角中任何两个面角之和大于第3个面角的定理便有

$$120^\circ>\angle POR'+\angle R'OQ>\angle POQ=180^\circ-\angle POQ'$$

$$>180^\circ-60^\circ=120^\circ,$$

矛盾. 所以，满足题中要求的3条弧的放置法是无法实现的.

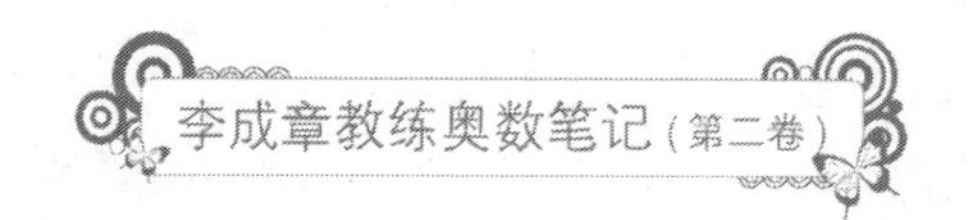

14　一个班级的32名学生共组成33个活动小组，每组都是3名学生且任何两组的成员都不完全相同．求证必有两个三人组间恰有1名公共成员．　　（1985年环球城市竞赛春季赛）

证　由于组数多于人数，由抽屉原理知必有学生A至少属于4个小组．设其中一组为{A，B，C}．

若结论不成立，则第2组必含B、C之一，设为{A，B，D}．若第3组为{A，C，D}，则因第4组除A之外只能含B，C，D中至多1个，而这一人恰属于前3组中的两组，从而导致第4组与前3组之一恰有1个公共成员，矛盾．于是第3组只能是{A，B，E}且B属于每个含A的三人组．同理A也属于含B的每个三人组．所以可设第4组为{A，B，F}．这样一来，C，D，E，F又只能属于同一组．

由此可见，若6名学生组成7个活动小组，则其中必有两个三人组恰有1个公共成员．

设命题于$k\geq6$时成立，则当$n=k+1$时，只要去掉上面推导中的F，则只减少1个三人组，化成了$n=k$的情形，由归纳假设知结论成立．

反证法＋从简单入手＋数学归纳法

15 设 $n\in N$，求证 $3^n+2\times17^n$ 都不是完全平方数。

（1991年英国数学奥林匹克，《数论卷》8.1题）

※证 设有某个 $n\in N$，使得 $3^n+2\times17^n$ 是完全平方数。因为 $3^n+2\times17^n$ 是奇数，所以必有

$$3^n+2\times17^n=(2k+1)^2=4k^2+4k+1=4k(k+1)+1$$
$$\equiv1,\ \mathrm{mod}\ 8.$$

同余法

另一方面，

$$3^n\equiv\begin{cases}1, & \text{当 } n \text{ 为偶数},\\ 3, & \text{当 } n \text{ 为奇数}.\end{cases}\pmod 8$$

$$2\times17^n\equiv2,\ \mathrm{mod}\ 8.$$

所以

$$3^n+2\times17^n\equiv\begin{cases}3, & \text{当 } n \text{ 为偶数},\\ 5, & \text{当 } n \text{ 为奇数}.\end{cases}\pmod 8$$

矛盾，所以，所有 $3^n+2\times17^n$ 都不是完全平方数。

16 设AD是△ABC的中线，∠B和∠C都是锐角，点M和N分别在边AB和AC上，使得AM＝AN且∠BDM＝∠CDN，求证△ABC为等腰三角形。（《中等数学》2000-6-42）

证 在△BDM和△DCN中分别应用正弦定理有

$$\frac{\sin\angle BMD}{BD}=\frac{\sin\angle BDM}{BM},$$

$$\frac{\sin\angle CND}{CD}=\frac{\sin\angle CDN}{CN}.$$

$\because \angle BDM=\angle CDN,\ BD=DC,$

$$\therefore BM\cdot\sin\angle BMD=BD\sin\angle BDM=CD\sin\angle CDN=CN\sin\angle CND.$$

$$\therefore \frac{CN}{BM}=\frac{\sin\angle BMD}{\sin\angle CND}=\frac{\sin\angle AMD}{\sin\angle AND}=\frac{\sin\angle AMD}{AD}\cdot\frac{AD}{\sin\angle AND}$$

$$=\frac{\sin\angle ADM}{AM}\cdot\frac{AN}{\sin\angle ADN}=\frac{\sin\angle ADM}{\sin\angle ADN}. \quad ①$$

设$AB\neq AC$，不妨设$AB>AC$，于是$BM>CN$，所以由①有

$$\sin\angle ADM<\sin\angle ADN. \quad ②$$

又$\because AB>AC$，$\therefore \angle ADB>\angle ADC$，$\therefore \angle ADM>\angle ADN$.

$\because \angle ADM+\angle ADN<180^\circ$，$\therefore \sin\angle ADM>\sin\angle ADN$. ③

显然，②与③矛盾。

$\therefore AB=AC$，即△ABC为等腰三角形。

二 递推

·141 1. 设a_n表示下述自然数M的个数：M的各位数字之和为n且每位数字都是1,3,4之一，求证对每个正整数n，a_{2n}都是完全平方数。 （1991年全国联赛二试3题）

设自然数M的各位数字之和为$n>4$，则当把最左一位数字去掉时，按该位数字为1,3,4之不同，所得的数的各位数字之和分别为$n-1$，$n-3$，$n-4$，于是有

从简单入手

$$a_n=a_{n-1}+a_{n-3}+a_{n-4}，\quad n>4. \qquad ①$$

由定义及①式可推知，数列$\{a_n\}$的前10项为

$$1,1,2,4,6,9,15,25,40,64.$$

从中可以看出以下的规律性：

(1) $a_2=1^2$，$a_4=2^2$，$a_6=3^2$，$a_8=5^2$，$a_{10}=8^2$，
$a_{2n}=f_n^2$；

(2) $a_3=2=1\times2$，$a_5=6=2\times3$，$a_7=15=3\times5$，
$a_9=40=5\times8$． $a_{2n+1}=f_n\cdot f_{n+1}$；

(3) $a_{2n+1}=a_{2n}+a_{2n-1}$；

(4) $a_{2n+1}^2=a_{2n}\cdot a_{2n+2}$；

(5) $a_{2n}=(a_n+a_{n-2})^2$；

加强命题

证1　我们用数学归纳法来证明下列两串命题成立：

$$a_{2n}=f_n^2, \quad ②$$

$$a_{2n+1}=f_n\cdot f_{n+1}. \quad ③$$

设②和③于 $n\leq k$ 时成立．当 $n=k+1$ 时，由①和归纳假设及斐波那契数列 $\{f_n\}$ 的（递推）定义有

$$\begin{aligned}a_{2k+2}&=a_{2k+1}+a_{2k-1}+a_{2k-2}\\&=f_k\cdot f_{k+1}+f_{k-1}\cdot f_k+f_{k-1}^2\\&=f_k\cdot f_{k+1}+f_{k-1}(f_k+f_{k-1})\\&=f_k\cdot f_{k+1}+f_{k-1}f_{k+1}=f_{k+1}(f_k+f_{k-1})=f_{k+1}^2.\end{aligned}$$

$$\begin{aligned}a_{2k+3}&=a_{2k+2}+a_{2k}+a_{2k-1}\\&=f_{k+1}^2+f_k^2+f_{k-1}f_k=f_{k+1}^2+f_k(f_k+f_{k-1})\\&=f_{k+1}^2+f_kf_{k+1}=f_{k+1}(f_{k+1}+f_k)=f_{k+1}f_{k+2}.\end{aligned}$$

这就证明了②和③于 $n=k+1$ 时成立．从而对所有 n 都成立．由②知所有 a_{2n} 都是完全平方数．

证2　在证1中，是将③作为②的伴随命题用归纳法一起证明的．其实，单独证明②也是可以实现的．

设②式于 $n\leq k$ 时成立．当 $n=k+1$ 时有

$$\begin{aligned}a_{2k+2}&=a_{2k+1}+a_{2k-1}+a_{2k-2}\\&=(a_{2k}+a_{2k-2}+a_{2k-3})+(a_{2k}-a_{2k-3}-a_{2k-4})+a_{2k-2}\\&=2a_{2k}+2a_{2k-2}-a_{2k-4}\\&=2f_k^2+2f_{k-1}^2-f_{k-2}^2\end{aligned}$$

$$=f_k^2+f_{k-1}^2+2f_kf_{k-1}+f_k^2+f_{k-1}^2-2f_kf_{k-1}-f_{k-2}^2$$

$$=(f_k+f_{k-1})^2+(f_k-f_{k-1})^2-f_{k-2}^2$$

$$=f_{k+1}^2+f_{k-2}^2-f_{k-2}^2=f_{k+1}^2.$$

这就完成了②的归纳证明．由②知所有 a_{2n} 都是完全平方数．

证3　首先，用数学归纳法来证明

$$a_{2n+1}=a_{2n}+a_{2n-1},\ n=1,2,\cdots. \quad ④$$

当 $n=1,2,3,4$ 时，可直接看出④成立．设 $n=k$ 时④式成立，于是当 $n=k+1$ 时，由①有

$$a_{2k+3}=a_{2k+2}+a_{2k}+a_{2k-1}=a_{2k+2}+a_{2k+1}.$$

这就证明了④式对所有 n 成立．

再用数学归纳法证明

$$a_{2n+1}^2=a_{2n}\cdot a_{2n+2},\ n=1,2,\cdots. \quad ⑤$$

设 $n=k$ 时⑤成立．当 $n=k+1$ 时，由①，④及归纳假设有

$$\begin{aligned}a_{2k+2}\cdot a_{2k+4}&=a_{2k+2}(a_{2k+3}+a_{2k+1}+a_{2k})\\&=a_{2k+2}a_{2k+3}+a_{2k+2}a_{2k+1}+a_{2k+2}a_{2k}\\&=a_{2k+2}a_{2k+3}+a_{2k+2}a_{2k+1}+a_{2k+1}^2\\&=a_{2k+2}a_{2k+3}+a_{2k+1}(a_{2k+2}+a_{2k+1})\\&=a_{2k+2}a_{2k+3}+a_{2k+1}a_{2k+3}\\&=a_{2k+3}(a_{2k+2}+a_{2k+1})=a_{2k+3}^2,\end{aligned}$$

即⑤式于 $n=k+1$ 时成立，从而对所有 n 都成立．

最后，当 $n=1,2,3,4,5$ 时，a_{2n} 为完全平方数．设 $n=k$ 时，

a_{2k}为完全平方数. 当$n=k+1$时, 由⑤有

$$a_{2k+1}^2=a_{2k}a_{2k+2}.$$

上式右端第1个因子为完全平方数, 左端里也是完全平方数, 所以右端第2个因子, 即a_{2k+2}也是完全平方数. 由数学归纳法之", 所有a_{2n}都是完全平方数.

1 通过对题中量的关系的分析导出数列的递归关系式;

2 将题目中所给的某个或某些量化成相应的数列$\{x_n\}$, 利用x_n的指数表达式导出特征方程, 再由特征方程导出$\{x_n\}$的递推关系式.

3 利用某个或某些递归关系式导出进一步的递归关系式, 然后证明数列$\{x_n\}$的某些所求证的性质或导出所要求的结果.

4 利用数列$\{x_n\}$的递推关系式写出特征方程. 从而求得$\{x_n\}$的通项公式;

5 利用递推关系式进行递推, 直接求得数列的通项公式.

2. 设数列$\{a_n\}$和$\{b_n\}$满足$a_0=1$，$b_0=0$且

$$\begin{cases}a_{n+1}=7a_n+6b_n-3,\\ b_{n+1}=8a_n+7b_n-4,\end{cases}\quad n=0,1,2,\cdots. \qquad ①$$

求证对所有$n\in\mathbf{N}$，a_n都是完全平方数.（2000年全国联赛加试二题）

证1　由①式易得$a_1=4$，$b_1=4$. 为了求得a_n与b_n的联合递推公式，使用待定系数法. 令

$$\begin{aligned}\lambda a_{n+1}+\mu b_{n+1}&=(7\lambda+8\mu)a_n+(6\lambda+7\mu)b_n-(3\lambda+4\mu)\\&=\frac{7\lambda+8\mu}{\lambda}(\lambda a_n)+\frac{6\lambda+7\mu}{\mu}(\mu b_n)-(3\lambda+4\mu).\end{aligned} \qquad ②$$

应有

$$\frac{7\lambda+8\mu}{\lambda}=\frac{6\lambda+7\mu}{\mu}\Longleftrightarrow 7\lambda\mu+8\mu^2=6\lambda^2+7\lambda\mu,$$

$$4\mu^2=3\lambda^2,\quad \frac{\mu}{\lambda}=\pm\frac{\sqrt{3}}{2}.$$

故可取$\lambda=2$，$\mu=\pm\sqrt{3}$. 代入②式得到

$$2a_{n+1}\pm\sqrt{3}b_{n+1}=(7\pm4\sqrt{3})(2a_n\pm\sqrt{3}b_n)-(6\pm4\sqrt{3}),$$

$$2a_{n+1}\pm\sqrt{3}b_{n+1}-1=(7\pm4\sqrt{3})(2a_n\pm\sqrt{3}b_n-1). \qquad ③$$

由此递推，得到

$$(2a_n-1)\pm\sqrt{3}b_n=(7\pm4\sqrt{3})^n. \qquad ④$$

将④中两式相加，得到

$$4a_n-2=(7+4\sqrt{3})^n+(7-4\sqrt{3})^n,$$

$$a_n=\frac{1}{4}\left[(7+4\sqrt{3})^n+(7-4\sqrt{3})^n\right]+\frac{1}{2}. \qquad ⑤$$

又因$7\pm4\sqrt{3}=(2\pm\sqrt{3})^2$，代入⑤得到

$$\begin{aligned}a_n&=\frac{1}{4}\left[(2+\sqrt{3})^{2n}+2+(2-\sqrt{3})^{2n}\right]\\&=\left[\frac{1}{2}(2+\sqrt{3})^n+\frac{1}{2}(2-\sqrt{3})^n\right]^2.\end{aligned} \qquad ⑥$$

由二项式定理知

$$\frac{1}{2}(2+\sqrt{3})^n+\frac{1}{2}(2-\sqrt{3})^n=\sum_{0\le 2k\le n}C_n^{2k}2^{n-2k}3^k$$

为整数，所以由⑥知 a_n 为完全平方数.

证2 由①可得

$$a_{n+1}=7a_n+6b_n-3=7a_n+6(8a_{n-1}+7b_{n-1}-4)-3$$
$$=7a_n+48a_{n-1}+42b_{n-1}-27. \quad ②$$

由 $a_n=7a_{n-1}+6b_{n-1}-3$ 可得 $6b_{n-1}=a_n-7a_{n-1}+3$，代入②式得

$$a_{n+1}=7a_n+48a_{n-1}+(7a_n-49a_{n-1}+21)-27$$
$$=14a_n-a_{n-1}-6. \quad ③$$

这是数列 $\{a_n\}$ 的递推公式. 将③改写成

$$a_n-\frac{1}{2}=14\left(a_{n-1}-\frac{1}{2}\right)-\left(a_{n-2}-\frac{1}{2}\right). \quad ③'$$

令 $c_n=a_n-\frac{1}{2}$，于是上式化成

$$c_n-14c_{n-1}+c_{n-2}=0. \quad ④$$

④式的特征方程为

$$\lambda^2-14\lambda+1=0.\quad 解得\ \lambda=7\pm4\sqrt{3}.$$

设④的解为

$$c_n=\alpha(7+4\sqrt{3})^n+\beta(7-4\sqrt{3})^n.$$

由于

$$\alpha+\beta=c_0=\frac{1}{2},\quad (7+4\sqrt{3})\alpha+(7-4\sqrt{3})\beta=c_1=\frac{7}{2},$$

解得 $\alpha=\beta=\frac{1}{4}$. 所以

$$a_n=\frac{1}{4}(7+4\sqrt{3})^n+\frac{1}{4}(7-4\sqrt{3})^n+\frac{1}{2}.$$

• 142　3. 设数列 $\{u_n\}$ 定义如下：$u_0=2$，$u_1=\frac{5}{2}$ 且有

$$u_{n+1}=u_n(u_{n-1}^2-2)-u_1,\ n=1,2,\cdots. \quad ①$$

求证 $[u_n]=2^{\frac{1}{3}\{2^n-(-1)^n\}}$.　(1976年IMO 6题)

证　求证的结论等价于

$$u_n=2^{b_n}+a_n,\ b_n=\frac{1}{3}\{2^n-(-1)^n\},\ 0\le a_n<1. \quad ②$$

为了寻求 a_n 的表达式，我们从简单入手先来看数列 $\{u_n\}$ 的前几项：

$$u_0=2=2^0+\frac{1}{2^0},\quad u_1=\frac{5}{2}=2+\frac{1}{2},$$

$$u_2=\frac{5}{2}=2+\frac{1}{2},\quad u_3=\frac{65}{8}=2^3+\frac{1}{2^3},$$

$$u_4=\frac{1025}{32}=2^5+2^{-5}.$$

从简单入手

由此可以猜测

$$u_n=2^{b_n}+2^{-b_n},\ n=1,2,\cdots. \quad ③$$

下面用数学归纳法来证明③式成立.

设当 $n\le k$ 时③式成立. 于是当 $n=k+1$ 时，由①和②及归纳假设有

$$\begin{aligned}u_{k+1}&=u_k(u_{k-1}^2-2)-u_1\\&=(2^{b_k}+2^{-b_k})(2^{2b_{k-1}}+2^{-2b_{k-1}})-\frac{5}{2}\\&=2^{(b_k+2b_{k-1})}+2^{-(b_k+2b_{k-1})}+2^{(b_k-2b_{k-1})}\\&\quad+2^{-(b_k-2b_{k-1})}-\frac{5}{2}. \end{aligned} \quad ③'$$

由 b_n 定义②知

$$\begin{aligned}b_k+2b_{k-1}&=\frac{1}{3}\{2^k-(-1)^k\}+\frac{2}{3}\{2^{k-1}-(-1)^{k-1}\}\\&=\frac{1}{3}\{2^k-(-1)^k+2^k+2(-1)^k\}\\&=\frac{1}{3}\{2^{k+1}-(-1)^{k+1}\}=b_{k+1}. \end{aligned} \quad ④$$

将④代入③′，得到

$$u_{k+1}=2^{b_{k+1}}+2^{-b_{k+1}}+2^{b_k-2b_{k-1}}+2^{-b_k+2b_{k-1}}-\frac{5}{2}. \quad ⑤$$

由此可见，只须再证

$$2^{b_k-2b_{k-1}}+2^{-b_k+2b_{k-1}}-\frac{5}{2}=0. \quad ⑥$$

由 b_n 定义②有

$$b_k-2b_{k-1}=\frac{1}{3}\{2^k-(-1)^k\}-\frac{2}{3}\{2^{k-1}-(-1)^{k-1}\}$$
$$=\frac{1}{3}\{2^k-(-1)^k-2^k+2(-1)^{k-1}\}=(-1)^{k-1}.$$

由此可知⑥成立，从而知当 $n=k+1$ 时③成立，由归纳法知③式对所有 n 成立。

因为 $2^{-b_n}<1$，所以由③即得

$$[u_n]=2^{b_n}=2^{\frac{1}{3}\{2^n-(-1)^n\}},\ n=1,2,\cdots.$$

•143　4. 试证对任何自然数 n，和数 $\sum_{k=0}^{n}2^{3k}C_{2n+1}^{2k+1}$ 都不能被5整除.（1974年IMO 3题）

证　记

$$x_n=\sum_{k=0}^{n}2^{3k}C_{2n+1}^{2k+1}=\frac{1}{\sqrt{8}}\sum_{k=0}^{n}(\sqrt{8})^{2k+1}C_{2n+1}^{2k+1},$$

并令

$$y_n=\frac{1}{\sqrt{8}}\sum_{k=0}^{n}(\sqrt{8})^{2k}C_{2n+1}^{2k},$$

于是有

$$x_n+y_n=\frac{1}{\sqrt{8}}(\sqrt{8}+1)^{2n+1},\quad x_n-y_n=\frac{1}{\sqrt{8}}(\sqrt{8}-1)^{2n+1}. \qquad ①$$

由①解得

$$x_n=\frac{1}{2\sqrt{8}}\left\{(\sqrt{8}+1)^{2n+1}+(\sqrt{8}-1)^{2n+1}\right\}$$

$$=\frac{2\sqrt{2}+1}{4\sqrt{2}}(9+4\sqrt{2})^n+\frac{2\sqrt{2}-1}{4\sqrt{2}}(9-4\sqrt{2})^n. \qquad ②$$

反用特征方程

由此可知，数列 $\{x_n\}$ 所对应的特征方程为

$$[\lambda-(9+4\sqrt{2})][\lambda-(9-4\sqrt{2})]=0,$$

$$\lambda^2-18\lambda+49=0. \qquad ③$$

由③知数列 $\{x_n\}$ 满足递归关系式

$$x_n-18x_{n-1}+49x_{n-2}=0. \qquad ④$$

由④递推有

$$x_n=18x_{n-1}-49x_{n-2}=20x_{n-1}-2x_{n-1}-49x_{n-2}$$

$$=20x_{n-1}-2(18x_{n-2}-49x_{n-3})-49x_{n-2}$$

$$=20x_{n-1}-85x_{n-2}+98x_{n-3}. \qquad ⑤$$

由 x_n 定义知，所有 x_n 都是整数，所以由⑤可得

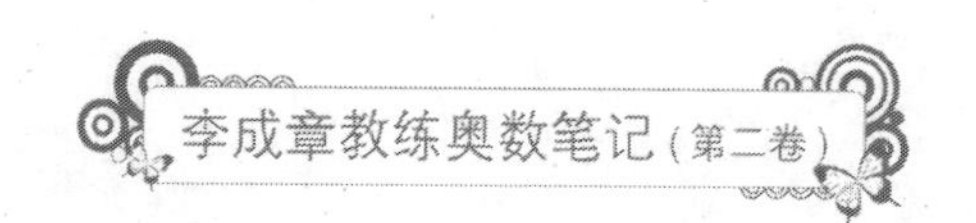

$$x_n \equiv 3x_{n-3} \pmod 5. \quad ⑥$$

又因 $x_0=1$，$x_1=C_3^1+2^3C_3^3=11\equiv 1 \pmod 5$，$x_2=C_5^1+2^3C_5^3+2^6C_5^5=149\equiv -1 \pmod 5$，故有

$$x_{3m}\equiv 3^m x_0 = 3^m \not\equiv 0 \pmod 5;$$

$$x_{3m+1}\equiv 3^m x_1 \equiv 3^m \not\equiv 0 \pmod 5;$$

$$x_{3m+2}\equiv 3^m x_2 \equiv -3^m \not\equiv 0 \pmod 5.$$

综上可知，对每个自然数 n，x_n 都不能被5整除。

注 x_n 与 y_n 的表达式恰为①中两式的二项展开式按奇偶项分开的两个展开式。

5　设凸n（$n\geq 4$）边形中任何3条对角线都不共点，问所有对角线将这个n边形划分成多少个内部互不重叠的小多边形？说明理由。　（1937年莫斯科数学奥林匹克6题）

解1　记$n=k$时所划分成的小多边形的总数为m_k，则当$n=k+1$时，可以视顶点A_{k+1}是新加入的，并考察这时增加了多少个小多边形。

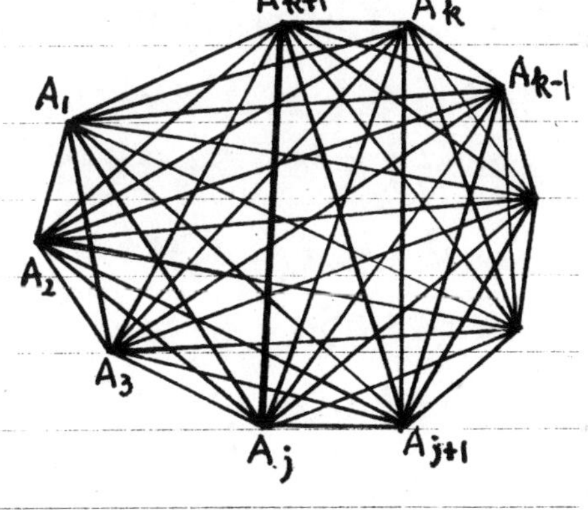

首先，由顶点A_{k+1}共引出$k-2$条对角线，它们将$\triangle A_{k+1}A_1A_k$分成$k-1$个小三角形，这$k-1$个三角形全是新增加的。

另一方面，对角线$A_{k+1}A_j$（$2\leq j\leq k-1$）将凸$k+1$边形的其余顶点划分成两组：$\{A_1,A_2,\cdots,A_{j-1}\}$和$\{A_{j+1},\cdots,A_k\}$。当且仅当两组中各出一点间所连的对角线与$A_{k+1}A_j$相交，于是在$A_{k+1}A_j$上共交出$(j-1)(k-j)$个交点。由于任何3条对角线都不在形内共点，故新增加的小多边形的个数与上述交点数相同，即为

$$\sum_{j=2}^{k-1}(j-1)(k-j)=\sum_{j=1}^{k-2}j(k-j-1)=\frac{1}{2}(k-1)^2(k-2)-\frac{1}{6}(k-2)(k-1)\cdot$$
$$\cdot(2k-3)=\frac{1}{6}(k-1)(k-2)k=C_k^3.$$

综上得到

$$m_{k+1}=m_k+(k-1)+C_k^3.$$

由于$m_3=1$，故由此递推即得

$$m_n=m_3+2+3+\cdots+(n-2)+C_3^3+C_4^3+\cdots+C_{n-1}^3$$

$$=\frac{1}{2}(n-1)(n-2)+C_4^4+C_4^3+C_5^3+\cdots+C_{n-1}^3$$

$$=C_{n-1}^2+C_n^4.$$

解 2　凸 n 边形中对角线总数为

$$C_n^2-n=\frac{1}{2}n(n-1)-n=\frac{1}{2}n(n-3)=C_{n-1}^2-1.$$

将这些对角线排序为 $l_1,l_2,\cdots,l_j,\cdots,l_{C_{n-1}^2-1}$. 首先从图形中将 l_1 去掉，则恰减少 a_1+1 个小多边形，这里 a_1 为 l_1 与其它对角线的交点数. 当已经去掉 $l_1,l_2,\cdots,l_{j-1}$ 之后，再去掉对角线 l_j，这时恰减少 a_j+1 个小多边形，其中 a_j 为 l_j 与尚未去掉的诸对角线的交点数. 当把所有对角线都去掉之后，当然仅剩一个多边形，因此小多边形的总数为

$$m_n=1+\sum_{j=1}^{C_{n-1}^2-1}(a_j+1)=1+\sum_{j=1}^{C_{n-1}^2-1}a_j+C_{n-1}^2-1$$

$$=C_n^4+C_{n-1}^2.$$

因为任何 3 条对角线都不在形内共点，所以对角线彼此相交的交点总数为 C_n^4. 而在上面逐次去掉对角线的过程中，每个交点恰被计数一次.

6. 设$S=\{1,2,\cdots,2000\}$，对于S的一个子集T，若其所有元素的和为5的倍数，则称T为"良子集"。求S的所有良子集的个数。

（1993年中国集训队测验题）

解　对于S的子集T，按其和数模5的值可分成5类，模5的值分别为0，1，2，3，4。当$S_n=\{1,2,\cdots,n\}$时，记其5类子集的个数分别为a_n，b_n，c_n，d_n，e_n。显然，本题就是求a_{2000}之值。

按a_n，b_n，c_n，d_n，e_n的定义，我们有

$$a_n+b_n+c_n+d_n+e_n=2^n,\ n=0,1,2,\cdots. \qquad ①$$

注意到S_{5n}仅比S_{5n-1}多1个元素$5n$，S_{5n-1}仅比S_{5n-2}多1个元素$5n-1$等等，容易看出

$$a_{5n}=2a_{5n-1},\quad a_{5n-1}=a_{5n-2}+b_{5n-2},$$

$$a_{5n-2}=a_{5n-3}+c_{5n-3},\quad b_{5n-2}=b_{5n-3}+d_{5n-3},$$

从而有

$$a_{5n}=2(a_{5n-3}+b_{5n-3}+c_{5n-3}+d_{5n-3})=2(2^{5n-3}-e_{5n-3}).$$

又因

$$e_{5n-3}=e_{5n-4}+c_{5n-4},\quad e_{5n-4}=e_{5n-5}+d_{5n-5},$$

$$c_{5n-4}=c_{5n-5}+b_{5n-5},$$

最后得到递推关系式

$$\begin{aligned}a_{5n}&=2(2^{5n-3}-b_{5n-5}-c_{5n-5}-d_{5n-5}-e_{5n-5})\\&=2(2^{5n-3}-2^{5n-5}+a_{5n-5})\\&=3\times 2^{5n-4}+2a_{5n-5},\quad n\geqslant 2.\end{aligned} \qquad ②$$

注意，$a_0=1$，$a_5=8$，便知②式于$n=1$时也成立。由②式递推即得

$$a_{5n}=3\times2^{5n-4}+3\times2^{5n-8}+4a_{5n-10}$$
$$=3\times(2^{5n-4}+2^{5n-8}+\cdots+2^{n+4}+2^{n})+2^{n}a_{0}$$
$$=3\times2^{n}(2^{4(n-1)}+2^{4(n-2)}+\cdots+2^{4}+1)+2^{n}$$
$$=3\times2^{n}\times\frac{2^{4n}-1}{2^{4}-1}+2^{n}.$$

在上式中令 $n=400$，便得

$$a_{2000}=3\times2^{400}\times\frac{2^{1600}-1}{15}+2^{400}$$
$$=2^{400}\left(\frac{2^{1600}-1}{5}+1\right)=\frac{1}{5}\times2^{400}(2^{1600}+4).$$

7. 将一个 $2\times n$ 个方格的带形的某些方格涂上黑色，使得其中任何 2×2 的4个方格都没有完全涂黑．以 p_n 表记所有满足要求的不同涂色方案的总数，求证 p_{1989} 能被3整除并求能整除 p_{1989} 的3的最高次幂．（1989年捷克数学奥林匹克5题）

解　以 a_n 表示 $2\times n$ 带形的满足题中要求且最后一列两格都是黑格的所有不同涂色方案的种数，以 b_n 表示最后一列两格不全是黑格的、满足题中要求的所有不同涂色方案的种数，于是有

$$p_n=a_n+b_n,\quad n=1,2,\cdots.$$

按题设条件，任何 2×2 的4个方格都不能全部涂黑，故有递归关系式

$$a_n=b_{n-1},\qquad b_n=3(a_{n-1}+b_{n-1}).\qquad ①$$

由①可得

$$a_n=3(a_{n-1}+a_{n-2}),\quad b_n=3(b_{n-1}+b_{n-2}).$$

所以

$$p_n=3(p_{n-1}+p_{n-2}).\qquad ②$$

由于所有 p_n 都是整数，所以 p_{1989} 能被3整除．

容易算出，$p_1=4$，$p_2=15$．由此及②可知，p_3 是3的倍数但不是9的倍数，p_4 是9的倍数．据此及②可以猜出

$$3^{k-1}\mid p_{2k-1},\quad 3^k\nmid p_{2k-1},\quad 3^k\mid p_{2k},\quad k=1,2,\cdots.\qquad ③$$

我们用数学归纳法来证明③成立．上面已经指出 $k=2$ 时③成立．设 $k=m$ 时③成立，于是当 $k=m+1$ 时，由②有

$$p_{2m+1}=3(p_{2m}+p_{2m-1}),\quad p_{2m+2}=3(p_{2m+1}+p_{2m}).$$

由归纳假设及③知

$$3^{m-1} \| p_{2m-1},\quad 3^m \mid p_{2m},$$

所以有

$$3^m \| p_{2m+1}. \tag{4}$$

又因 $3^m \mid p_{2m}$，所以又有

$$3^{m+1} \mid p_{2m+2}. \tag{5}$$

④与⑤结合起来即为 $k=m+1$ 时的③式，这表明 $k=m+1$ 时③式成立．从而由归纳法知③式对所有 k 成立．

特别地，当 $k=995$ 时，由③知

$$3^{994} \| p_{1989}.$$

即能整除 p_{1989} 的3的最高次幂为 3^{994}．

8．试求$(\sqrt{2}+\sqrt{3})^{1980}$的小数点前一位数字和后一位数字．

（1980年芬兰等四国数学竞赛）

解　记$A=(\sqrt{2}+\sqrt{3})^{1980}$并令

$$x_n=(\sqrt{3}+\sqrt{2})^{2n}+(\sqrt{3}-\sqrt{2})^{2n}=(5+2\sqrt{6})^n+(5-2\sqrt{6})^n, \quad ①$$

于是数列$\{x_n\}$所对应的特征方程为

$$\{\lambda-(5+2\sqrt{6})\}\{\lambda-(5-2\sqrt{6})\}=0,$$

$$\lambda^2-10\lambda+1=0.$$

反用特征方程

由此可知，数列$\{x_n\}$的递归关系为

$$x_n-10x_{n-1}+x_{n-2}=0, \quad n\geq 3. \quad ②$$

另一方面，按定义①知$x_1=10$，$x_2=98$均为整数．于是由②知所有x_n均为整数．此外，由②还有

$$x_n=10x_{n-1}-x_{n-2}=10x_{n-1}-10x_{n-3}+x_{n-4}.$$

这意味着$x_n\equiv x_{n-4}\pmod{10}$，从而有

$$x_{990}\equiv x_2\pmod{10}.$$

由于$x_2=98\equiv 8\pmod{10}$，所以x_{990}的个位数字是8．

又因$0<5-2\sqrt{6}<0.2$，故有

$$0<(5-2\sqrt{6})^{990}<0.2^{990}=0.008^{330}<0.01.$$

这样一来，就有

$$x_{990}>A=x_{990}-(5-2\sqrt{6})^{990}>x_{990}-0.01.$$

所以A的小数点前一位数字为7而后一位数字为9．

9　设$a_1=1$，$a_2=3$且对所有$n=1,2,\cdots$，均有

$$a_{n+2}=(n+3)a_{n+1}-(n+2)a_n, \qquad ①$$

求能使$11|a_n$的n的所有可能值．（1990年巴尔干数学奥林匹克）

解　将①式改写为

$$a_{n+2}-a_{n+1}=(n+2)(a_{n+1}-a_n).$$

令$b_{n+1}=a_{n+1}-a_n$，于是上式化为

$$b_{n+2}=(n+2)b_{n+1},\quad b_n=nb_{n-1}.$$

由此递推即得$b_n=n!$，从而有

$$a_n=n!+a_{n-1}=n!+(n-1)!+\cdots+2!+1!. \qquad ②$$

容易算出

$$a_3=9,\ a_4=33,\quad 11|a_4.$$

因为

$$\left.\begin{aligned}&5!=120\equiv10,\ 6!\equiv10\times6\equiv5,\ 7!\equiv5\times7\equiv2,\\&8!\equiv2\times8\equiv5,\ 9!\equiv5\times9\equiv1,\ 10!\equiv1\times10=10,\end{aligned}\right\}\pmod{11}.$$

所以a_5,a_6,a_7都不能被11整除，但$11|a_8$，$11\nmid a_9$，$11|a_{10}$．

当$m\geq11$时，$m!$中含有11为因子，当然都能被11整除．故有

$$11|a_m,\quad m\geq11.$$

综上可知，满足题中要求的n为4，8和所有不小于10的正整数．

10. 用$(a_1,a_2,\cdots,a_n)$表示整数$1,2,\cdots,n$的任一排列. 设$f(n)$表示这样排列的个数，使得

(i) $a_1=1$；

(ii) $|a_i-a_{i+1}|\le 2$，$i=1,2,\cdots,n-1$.

问$f(1996)$能否被3整除？说明理由.（1996年加拿大数学奥林匹克）

解 显然有$f(1)=1$，$f(2)=1$，$f(3)=2$，且当$n\ge 4$时，$a_1=1$，$a_2\in\{2,3\}$.

(1) 当$a_2=2$时，去掉$a_1=1$，$(a_2,a_3,\cdots,a_n)$恰为$2,3,\cdots,n$的一个排列且满足$a_2=2$和条件(ii). 易见，这种排列的个数为$f(n-1)$.

(2) 当$a_2=3$，$a_3=2$时，$a_4=4$，象(1)中一样地可知，满足要求的这种排列的个数为$f(n-3)$.

(3) 当$a_2=3$，$a_3\ne 2$时，若$a_3=4$，则$a_4=2$. 这样一来，a_5就排不下去了. 故当$n\ge 5$时，$a_3=5$. 依此类推可知，所有奇数从小到大排列，然后是所有偶数从大到小排列，即为

$$1\ 3\ 5\ 7\cdots 8\ 6\ 4\ 2,$$

只此一种.

综上可得

$$f(n)=f(n-1)+f(n-3)+1,\quad n\ge 4.$$

对于$n\ge 1$，设$f(n)$除以3所得的余数为$r(n)$，于是有$r(1)=r(2)=1$，$r(3)=2$及

$$r(n)\equiv r(n-1)+r(n-3)+1.$$

由此递推可得

$$\begin{aligned} r(n+8) &\equiv r(n+7)+r(n+5)+1 \\ &\equiv [r(n+6)+r(n+4)+1]+[r(n+4)+r(n+2)+1]+1 \\ &\equiv r(n+6)+2r(n+4)+r(n+2) \\ &\equiv [r(n+5)+r(n+3)+1]+2r(n+4)+r(n+2) \\ &\equiv [r(n+4)+r(n+2)+1]+[r(n+2)+r(n)+1] \\ &\quad +2r(n+4)+r(n+2)+1 \\ &= 3r(n+4)+3r(n+2)+r(n)+3 \equiv r(n) \pmod 3. \end{aligned}$$

由于 $1996=8\times 249+4$，所以有

$$r(1996) \equiv r(4) \equiv r(3)+r(1)+1=4 \equiv 1 \pmod 3.$$

即 $f(1996)$ 除以 3 的余数为 1，当然不能被 3 整除.

※11 将圆周长为24的圆周等分成24段，从24个分点中选取8个点，使得其中任何两点间所夹的弧长都不等于3和8，问满足要求的八点组的不同取法共有多少种？说明理由。

（2001年中国数学奥林匹克5题）

解1 将24个分点依次编号为1，2，…，24，并将它们按"环的关系"排成如下的3×8数表：

1，4，7，10，13，16，19，22，

9，12，15，18，21，24，3，6，

17，20，23，2，5，8，11，14.

易见，表中每行中相邻两数所代表的两点之间所夹的弧长都是3，每列相邻两数所代表的两点之间所夹的弧长都是8（每行、每列的首尾两数也认为是相邻）。按题中要求知，所取的8点的号码在表中互不相邻。所以，每列恰取1个数，每行至多取4个互不相邻的数。

按上述规则，第1列取一个数有3种不同取法，第2列取一个不与第1列所取的数同行的数有2种不同取法。类似地，以后每列取一个数都有2种不同取法。由乘法定理知，共有3×2^7种不同取法。易知，这些取法中最后一列所选的数与第1列所选的数同行时不满足题中要求，应从总数中减去。对于这种情形，将最后一列去掉，对余下3×7数表的取法恰满足同样的要求。若记3×n数表的满足同样要求的取法总数为x_n，则有

$$x_8+x_7=3\times2^7.$$

类似地，对于一般情况有

$$x_n + x_{n-1} = 3\times 2^{n-1}, \quad n \geqslant 3. \qquad ①$$

由①递推，得到

$$x_8 = 3\times 2^7 - x_7 = 3\times 2^7 - 3\times 2^6 + x_6 = \cdots$$
$$= 3\times\{2^7 - 2^6 + 2^5 - 2^4 + 2^3 - 2^2\} + x_2 = 258.$$

所以，满足题中要求的八点组的不同取法共有258种.

解2 由①有

$$x_n + x_{n-1} = 2^n + 2^{n-1},$$
$$x_n - 2^n = -(x_{n-1} - 2^{n-1}).$$

由此递推，得到

$$x_n = (-1)^{n-2}(x_2 - 2^2) + 2^n, \quad n \geqslant 3.$$

特别地有

$$x_8 = (-1)^8(x_2 - 2^2) + 2^8 = 258.$$

解3 由①有

$$x_n + x_{n-1} = 3\times 2^{n-1}, \qquad ①$$
$$x_{n-1} + x_{n-2} = 3\times 2^{n-2}, \quad n \geqslant 4. \qquad ②$$

① − ②×2，得到

$$x_n - x_{n-1} - 2x_{n-2} = 0. \qquad ③$$

相应的特征方程为

$$\lambda^2 - \lambda - 2 = 0, \quad (\lambda - 2)(\lambda + 1) = 0.$$

解得 $\lambda_1 = -1$，$\lambda_2 = 2$. 于是可写

$$x_n=\alpha(-1)^n+\beta 2^n,\quad n\geqslant 2. \qquad ④$$

将 $x_2=6$，$x_3=6$ 分别代入④，得到

$$\begin{cases}\alpha+4\beta=6,\\ -\alpha+8\beta=6.\end{cases}$$

解得 $\alpha=2$，$\beta=1$，代入④式，得到

$$x_n=2^n+2(-1)^n,\quad n\geqslant 2.$$

所以

$$x_8=2^8+2(-1)^8=258.$$

解4 考察 $3\times n$ $(n\geqslant 3)$ 的数表

$$a_1,a_2,a_3,\cdots,a_{n-2},a_{n-1},a_n,$$
$$b_1,b_2,b_3,\cdots,b_{n-2},b_{n-1},b_n,$$
$$c_1,c_2,c_3,\cdots,c_{n-2},c_{n-1},c_n.$$

从每列3个数中取1个数，使得任何相邻两列所取的数都不同行且首尾两列所取的数也不同行，不同取法的总数记为 x_n。

对于满足上述要求的所有不同取法，把最后一列数去掉，来寻求数列 $\{x_n\}$ 的递推关系。

考察第1列取 a_1 的所有不同取法。这时，最后一列所取的数或为 b_n，或为 c_n。若为 $b_n(c_n)$，则第 $n-1$ 列所取的数或为 a_{n-1}，或为 $c_{n-1}(b_{n-1})$。对于取数 b_{n-1}，c_{n-1} 的情形，与第1列的 a_1 不同行，这种情形（包括第1列取数 b_1，c_1 的相应情形）的不同取法总数恰为 x_{n-1}。若第 $n-1$ 列取数为 a_{n-1}（两种情形都会出现），则不同取法总数为

x_{n-2}。从而有

$$x_n = x_{n-1} + 2x_{n-2}.$$

这就是解3中导出的$\{x_n\}$的递推方程③。

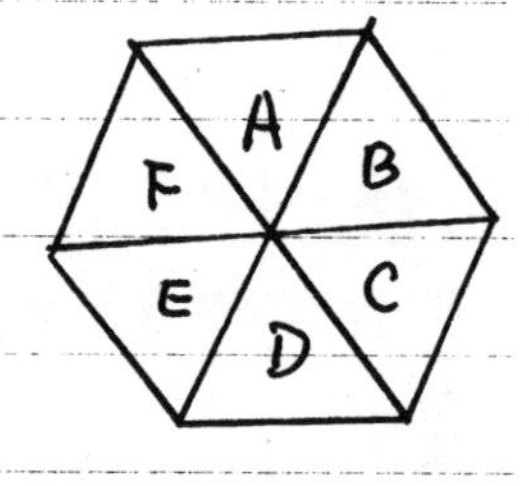

12　在一个正六边形的6个区域中栽种观赏植物（如图）。要求同一块中种同一种植物，相邻两块种不同的植物。现有4种不同的植物可供选择，共有多少种不同的栽种方案？

（2001年全国联赛一试12题）

解　先种A，有4种不同种法。再种B，有3种不同选择。依次种C、D、E、F，均有3种不同选择，共有4×3^5种不同方案。但是，其中A与F同种一种植物的方案不满足要求，而这种方案的个数恰等于正五边形分成5个三角形区域的方案总数。

若记将正n边形划分成n个彼此全等的三角形区域，并按题中要求栽种观赏植物的不同方案总数为x_n，便有

$$x_6 + x_5 = 4\times3^5,\quad x_n + x_{n-1} = 4\times3^{n-1},\ n\geq3.$$

所以

$$x_6 = 4\times3^5 - x_5 = 4\times3^5 - 4\times3^4 + x_4$$
$$= 4\times(3^5 - 3^4 + 3^3 - 3^2) + x_2 = 4\times180 + 12 = 732.$$

$$x_n + x_{n-1} = 3^n + 3^{n-1},\quad x_n - 3^n = -(x_{n-1} - 3^{n-1}).$$
$$x_n = (-1)^n(x_2 - 3^2) + 3^n = 3^n + 3(-1)^n.$$
$$x_6 = 729 + 3 = 732.$$

13．已知无穷数列$\{a_n\}$满足$a_0=x$，$a_1=y$，$a_{n+1}=\dfrac{a_na_{n-1}+1}{a_n+a_{n-1}}$，$n=1,2,\cdots$.

（i）对于怎样的实数x,y，总存在正整数n_0，使当$n\geqslant n_0$时a_n恒为常数？

（ii）求通项a_n.　　　　（2006年全国联赛二试二题）

解　（i）由递推公式有

$$a_n-a_{n+1}=a_n-\frac{a_na_{n-1}+1}{a_n+a_{n-1}}=\frac{a_n^2-1}{a_n+a_{n-1}},\quad n=1,2,\cdots,\qquad ①$$

由此可见，若对某$n\in\mathbf{N}^*$有$a_n=a_{n+1}$，则必有$a_n^2=1$且$a_n+a_{n-1}\neq0$.

如果该$n=1$，则必有

$$|y|=1 \text{ 且 } x\neq-y.\qquad ②$$

如果该$n>1$，则又有

$$a_n\pm1=\frac{a_{n-1}a_{n-2}+1}{a_{n-1}+a_{n-2}}\pm1=\frac{(a_{n-1}\pm1)(a_{n-2}\pm1)}{a_{n-1}+a_{n-2}},\quad n\geqslant2\qquad ③$$

将③中两式相乘，得到

$$a_n^2-1=\frac{a_{n-1}^2-1}{a_{n-1}+a_{n-2}}\cdot\frac{a_{n-2}^2-1}{a_{n-1}+a_{n-2}},\quad n\geqslant2.\qquad ④$$

这表明，当$n\geqslant2$时，$|a_n|=1$的充分必要条件是$(a_{n-1}^2-1)(a_{n-2}^2-1)=0$.

由④递推，即得②式或

$$|x|=1,\text{ 且 } y\neq-x.\qquad ⑤$$

反之，如果条件②或⑤成立，则当$n\geqslant2$时，必有a_n为常数且值为1或-1.

(ii) 由③中两式可得

$$\frac{a_n-1}{a_n+1}=\frac{a_{n-1}-1}{a_{n-1}+1}\cdot\frac{a_{n-2}-1}{a_{n-2}+1},\ n\geq 2. \qquad ⑥$$

令 $b_n=\frac{a_n-1}{a_n+1}$，$n=2,3,\cdots$，代入⑥即得

$$b_n=b_{n-1}b_{n-2},\ n=2,3,\cdots.$$

由此递推，得到

$$b_n=b_{n-1}b_{n-2}=(b_{n-2}b_{n-3})b_{n-2}=b_{n-2}^2b_{n-3}=(b_{n-3}b_{n-4})^2b_{n-3}$$
$$=b_{n-3}^3b_{n-4}^2=(b_{n-4}b_{n-5})^3b_{n-4}^2=b_{n-4}^5b_{n-5}^3=\cdots$$
$$=b_1^{F_{n-1}}b_0^{F_{n-2}},$$

即有

$$\frac{a_n-1}{a_n+1}=\left(\frac{y-1}{y+1}\right)^{F_{n-1}}\left(\frac{x-1}{x+1}\right)^{F_{n-2}},\ n\geq 2, \qquad ⑦$$

其中 $F_0=F_1=1$，$F_n=F_{n-1}+F_{n-2}$，$n\geq 2$，即 $\{F_n\}$ 为斐波那契数列，其通项公式为

$$F_n=\frac{1}{\sqrt{5}}\left\{\left(\frac{1+\sqrt{5}}{2}\right)^{n+1}-\left(\frac{1-\sqrt{5}}{2}\right)^{n+1}\right\}.\ n=0,1,2,\cdots \qquad ⑧$$

由⑦解得（合分比定理）

$$a_n=\frac{(x+1)^{F_{n-2}}(y+1)^{F_{n-1}}+(x-1)^{F_{n-2}}(y-1)^{F_{n-1}}}{(x+1)^{F_{n-2}}(y+1)^{F_{n-1}}-(x-1)^{F_{n-2}}(y-1)^{F_{n-1}}},\ n\geq 2,3,\cdots \qquad ⑨$$

再加上已知的 $a_0=x$，$a_1=y$，即为所求的 $\{a_n\}$ 的通项公式。

(i) 的解2　若(i)成立，则 $\{a_n\}$ 有极限且极限值就是该常数 a。在已知递推关系式中取极限，即得

$$a=\frac{a^2+1}{2a},\quad 2a^2=a^2+1,\quad a^2=1,\quad a=\pm1.$$

由③式向前（小的方向）递推可知，在每个值为±1的项的前两项中，必有一项值为+1或−1，这样可得 $x=\pm1$ 或 $y=\pm1$。再由②的递推式的分母知 $x\neq -y$，即 $x+y\neq 0$。此即 x、y 满足的条件。

注　在命题组的标准答案中，是延拓了斐波那契数列：

$$F_{-1}=0,\ F_{-2}=1$$

之后，得到前面的⑨式对于 $n=0,1$ 也成立。但这里有一个实质性的疏漏：即当 $\{x,y\}\cap\{-1,1\}\neq\varnothing$ 时，产生“0^0”。而 0^0 无论在初等数学还是高等数学中都是没有意义的。

14. 给定整数 $n\geq 2$，设 $M_0(x_0, y_0)$ 是抛物线 $y^2=nx-1$ 与直线 $y=x$ 的一个交点. 试证明对于任意正整数 m，必存在整数 $k\geq 2$，使 (x_0^m, y_0^m) 为抛物线 $y^2=kx-1$ 与直线 $y=x$ 的一个交点.

(2007年全国联赛一试13题)

证 注意，抛物线 $y^2=nx-1$ 与直线 $y=x$ 的交点坐标为

$$x_0=y_0=\frac{n\pm\sqrt{n^2-4}}{2}.$$

由此可得 $\frac{1}{x_0}=\frac{2}{n\pm\sqrt{n^2-4}}=\frac{n\mp\sqrt{n^2-4}}{2}$，于是有 $x_0+\frac{1}{x_0}=n$.

所以，为使 (x_0^m, y_0^m) 为抛物线 $y^2=kx-1$ 与直线 $y=x$ 的一个交点，应有 $k=x_0^m+\frac{1}{x_0^m}$.

记 $k_m=x_0^m+\frac{1}{x_0^m}$，于是

$$k_m\left(x_0+\frac{1}{x_0}\right)=\left(x_0^m+\frac{1}{x_0^m}\right)\left(x_0+\frac{1}{x_0}\right)$$

$$=x_0^{m+1}+\frac{1}{x_0^{m-1}}+x_0^{m-1}+\frac{1}{x_0^{m+1}}=k_{m+1}+k_{m-1}.$$

$$k_{m+1}=k_m\left(x_0+\frac{1}{x_0}\right)-k_{m-1}=nk_m-k_{m-1},\ m\geq 2 \quad ①$$

由于 $k_1=n$ 是整数，$k_2=x_0^2+\frac{1}{x_0^2}=\left(x_0+\frac{1}{x_0}\right)^2-2=n^2-2$ 也是整数，故由①式递推可知，对于一切 $m\in\mathbf{N}^*$，k_m 都是整数且为正整数.

对于任意 $m\in\mathbf{N}^*$，取 $k=x_0^m+\frac{1}{x_0^m}=k_m$，于是抛物线 $y^2=kx-1$ 与直线 $y=x$ 的交点便是 (x_0^m, y_0^m).

三 换序求和法

1 在一个有限项的实数数列中，任何连续7项之和都是负数而任何连续11项之和都是正数，试问这样一个数列最多有多少项？说明理由。 （1977年IMO之题）

解 如果数列$\{a_n\}$有17项，则可写出下表：

$$
\begin{array}{ccccccc}
a_1, & a_2, & a_3, & \cdots, & a_{10}, & a_{11}, \\
a_2, & a_3, & a_4, & \cdots, & a_{11}, & a_{12}, \\
a_3, & a_4, & a_5, & \cdots, & a_{12}, & a_{13}, \\
\vdots & \vdots & \vdots & & \vdots & \vdots \\
a_7, & a_8, & a_9, & \cdots, & a_{16}, & a_{17},
\end{array}
$$

其中每行都是数列中的连续11项，每列都是数列中的连续7项。由已知，其中每行数之和都是正数，所有行再相加，便知表中所有数之和为正数。另一方面，表中每列数之和都是负数，所有列再相加，又知表中所有数之和为负数，矛盾。这表明数列$\{a_n\}$至多16项。

考察下面的数列： 换序求和＋反证法＋举例

5，5，−13，5，5．5，−13，5，5，−13，5，5，5，−13，5，5。

易知，每连续7项中都是5个5和2个−13，和为−1；每连续11项中都是8个5或3个−13，和为+1，满足题中要求。

综上可知，满足题中要求的数列最多有16项。

注 上述例子的理性推导在《4▲》127页下部。

308

•2 设凸$n(n\geq4)$边形中任何3条对角线都不在形内共点，问所有对角线将这个n边形划分成多少个内部互不重叠的小多边形？

（1937年莫斯科数学奥林匹克）

解 设所划分成的诸小多边形中，边数最多的是m边形，并设k边形的个数为n_k，$k=3,4,\cdots,m$。我们从两个角度来分别计算顶点总数及内角总和，即对这两个量分别进行换序求和。

一方面，分成的小多边形的顶点总数(包括重复计数)为

$$3n_3+4n_4+\cdots+mn_m.$$

另一方面，原n边形的每个顶点是$n-2$个小多边形的公共顶点，而任何两条对角线的交点恰为4个小多边形的公共顶点，且这样的交点恰有C_n^4个。故知诸多边形的顶点总数又应为$n(n-2)+4C_n^4$。从而有

$$3n_3+4n_4+\cdots+mn_m=n(n-2)+4C_n^4. \quad ①$$

再来计算小多边形的内角总和。一方面，内角总和应为

$$n_3\pi+n_4 2\pi+\cdots+n_m(m-2)\pi.$$

另一方面，原来n边形的诸内角在计算小多边形内角总和时的贡献为$(n-2)\pi$。对角线的每个交点对小多边形内角和的贡献都是2π。所以小多边形的内角总和又应为$(n-2)\pi+C_n^4\cdot2\pi$。从而又有

$$n_3+2n_4+\cdots+(m-2)n_m=(n-2)+2C_n^4. \quad ②$$

①－②，得到

$$2(n_3+n_4+\cdots+n_m)=(n-1)(n-2)+2C_n^4,$$

$$n_3+n_4+\cdots+n_m=C_{n-1}^2+C_n^4,$$

即所分成的小多边形的总数为$C_{n-1}^2+C_n^4$。

3　某委员会先后共开过40次会议，每次会议都有10人出席，而且任何两名委员至多共同出席过一次会议，求证该委员会的委员数一定多于60.　　　　(1965年全俄数学奥林匹克)

证　若不然，则委员数 $n\le 60$. 下面从两个不同角度来计数"委员对"的个数.

一方面，每次会议都有10人出席，共可组成 $C_{10}^2=45$ 个委员对. 40次会议共有 $45\times 40=1800$ 个委员对. 又因已知任何两名委员至多共同出席过一次会议，所以上面得到的1800个委员对互不相同.

另一方面，委员会中委员数 $n\le 60$，他们所能组成的不同委员对的总数为 C_n^2. 于是应有

换序求和＋反证法

$$1800\le C_n^2\le C_{60}^2=\frac{1}{2}\times 60\times 59=1770.$$

此为矛盾. 所以该委员会的委员总数一定多于60人.

4　试证在任何 $2n$ 边形中，都存在一条对角线，它不平行于多边形的任何一条边．　　（1974年莫斯科数学奥林匹克）

证　若不然，则每条对角线都至少平行于 $2n$ 边形的一条边．考察由一条对角线和与它平行的一条边组成的"平行线段对"．对这种平行线段对进行换序求和．

一方面，由反证假设知每条对角线都至少属于一个平行线段对，而在 $2n$ 边形中共有 $C_{2n}^{2}-2n$ 条不同的对角线，故至少有 $C_{2n}^{2}-2n=2n\left(n-\frac{3}{2}\right)$ 个平行线段对．

反证法＋换序求和

另一方面，对于每条边，至多有 $n-2$ 条对角线与它平行，即至多有 $n-2$ 个平行线段对含有此边．从而整个图形中至多有 $2n(n-2)$ 个平行线段对，矛盾．

这就证明了至少有一条对角线不平行于 $2n$ 边形的任何一条边．

5　8位歌手参加一次艺术节，准备为他们安排m次演出，每次由其中4人登台演出.要求8位歌手中任意两人同时演出的场次数都同样多，问最少要安排多少场演出？说明理由.

(1996年中国数学奥林匹克第4题)

解　设每两位歌手都同时演出r次并对两位歌手组成的两人对进行换序求和.

一方面，8位歌手共可组成$C_8^2=28$个两人对.另一方面，m场演出每场4人登台演出，共有$mC_4^2=6m$个两人对.从而有

$$6m=28r,\quad 3m=14r.$$

因此有$3|r$，$14|m$.所以$r\geqslant 3$，$m\geqslant 14$.即至少要安排14场演出.

换序求和+举例

将8位歌手分别编号为1,2,3,4,5,6,7,8，并安排14场演出如下：

$\{1,2,3,4\}$，$\{5,6,7,8\}$，$\{1,2,5,6\}$，$\{3,4,7,8\}$，

$\{1,2,7,8\}$，$\{3,4,5,6\}$，$\{1,3,5,7\}$，$\{2,4,6,8\}$，

$\{1,3,6,8\}$ $\{2,4,5,7\}$，$\{1,4,5,8\}$，$\{2,3,6,7\}$，

$\{1,4,6,7\}$，$\{2,3,5,8\}$.

易见，8位歌手中每两人都恰好同台演出3次.

综上可知，最少要安排14场演出.

注　若将8人改为10人，其它条件不变并考虑同样的问题，则像上面一样地有

$$mC_4^2=rC_{10}^2,\quad 6m=45r,\quad 2m=15r.$$

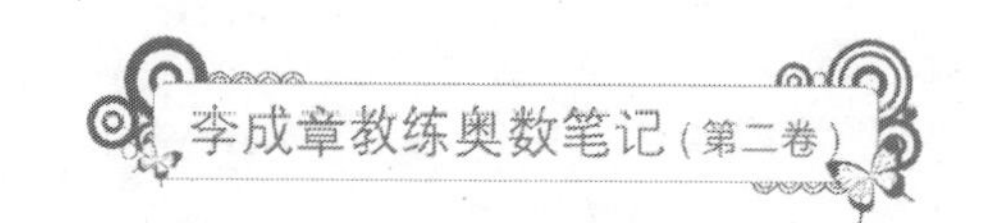

因此有 $2|r$，$15|m$，所以 $m\geqslant 15$，即至少要安排15场演出．这时 $r=2$，即每人都与另9人中每个人同台演出2次，共18次．每场演出4人登场，每人与另3人各同台演出1次．所以，每人都要参加6场演出．

满足要求的15场演出可以安排如下：

$\{1,2,3,4\}$，$\{1,5,6,7\}$，$\{1,8,9,10\}$，

$\{1,2,5,8\}$，$\{1,3,6,9\}$，$\{1,4,7,10\}$，

$\{2,5,6,10\}$，$\{2,3,7,10\}$，$\{2,4,6,9\}$，

$\{2,7,8,9\}$，$\{3,4,5,8\}$，$\{3,5,7,9\}$，

$\{3,6,8,10\}$，$\{4,5,9,10\}$，$\{4,6,7,8\}$．

综上可知，最少要安排15场演出．

309

6　设 $n, k\in\mathbf{N}^*$，S 是平面点集，$|S|=n$ 且对任意 $P\in S$，S 中至少存在 k 个点与 P 距离相等，求证 $k<\frac{1}{2}+\sqrt{2n}$。

（1989年IMO 3题）

证　记 $S=\{P_1, P_2, \cdots, P_n\}$，对于 $P_i\in S$，S 中至少有 k 个点与 P_i 距离相等，于是可以以点 P_i 为心作 $\odot P_i$，使圆上至少有 S 中的 k 个点。

考察以 S 中任意两点为端点的线段，一方面，这样的线段共有 C_n^2 条，另一方面，在 $\odot P_i$ 上，至少有 C_k^2 条弦的端点都是 S 中的点，于是 n 个圆上至少共有 nC_k^2 条弦，因为每两个不同的圆至多有两个公共点，所以至多有一条公共弦，从而在上述计数过程中，至多有 C_n^2 条弦被计数两次，因此有

$$nC_k^2-C_n^2\leq C_n^2,\quad nC_k^2\leq 2C_n^2,$$

$$k^2-k-2(n-1)\leq 0.$$

解得

$$k\leq\frac{1}{2}\left(1+\sqrt{8n-7}\right)<\frac{1}{2}+\sqrt{2n}.$$

310

7　在某次竞赛中，共有 a 名选手与 b 位裁判，其中 $b\geq 3$ 为奇数．每位裁判对每名选手的评分只有"合格"与"不合格"两种．设 $k\in N$，任何两位裁判至多可对 k 名选手有完全相同的评分，求证 $\frac{k}{a}\geq\frac{b-1}{2b}$．　　（1998年IMO 2题）

证　两位裁判对一名选手给出相同的评分，称为一个"相同评分对"，我们对这种"相同评分对"进行换序求和．

第 i 名选手获得 b 位裁判的各一个评分，设其中有 x_i 个合格与 $b-x_i$ 个不合格．于是由第 i 名选手产生的相同评分对的个数为 $C_{x_i}^2+C_{b-x_i}^2$．从而所有相同评分对的个数为

$$\sum_{i=1}^{a}\left(C_{x_i}^2+C_{b-x_i}^2\right).$$

另一方面，任何两位裁判所产生的相同评分对至多 k 对．故所有相同评分对的个数不超过 kC_b^2．又因 b 为奇数，记 $b=2m+1$．

$$\begin{aligned}C_{x_i}^2+C_{b-x_i}^2&=\frac{1}{2}x_i(x_i-1)+\frac{1}{2}(b-x_i)(b-x_i-1)\\&=\frac{1}{2}\{x_i^2-x_i+b^2+x_i^2-2bx_i-b+x_i\}\\&=\frac{1}{2}\{2x_i^2+b^2-b-2bx_i\}\\&=\frac{1}{2}\{b^2-b-2x_i(b-x_i)\}\geq m^2.\end{aligned}$$

所以有

$$kC_b^2\geq\sum_{i=1}^{a}\left(C_{x_i}^2+C_{b-x_i}^2\right)\geq am^2.$$

$$\frac{1}{2}kb(b-1)\geq am^2,\quad kb\geq am=a\cdot\frac{b-1}{2},$$

$$\frac{k}{a}\geq\frac{b-1}{2b}.$$

8　设凸n边形的边两两都不平行而点O为形内一点，求证过点O且平分多边形面积的直线至多n条．（1973年全苏数学奥林匹克）

证　设有两条过点O的直线都平分多边形的面积，于是多边形落在由这两条直线相交构成的每对对顶角中的部分都有相等的面积．

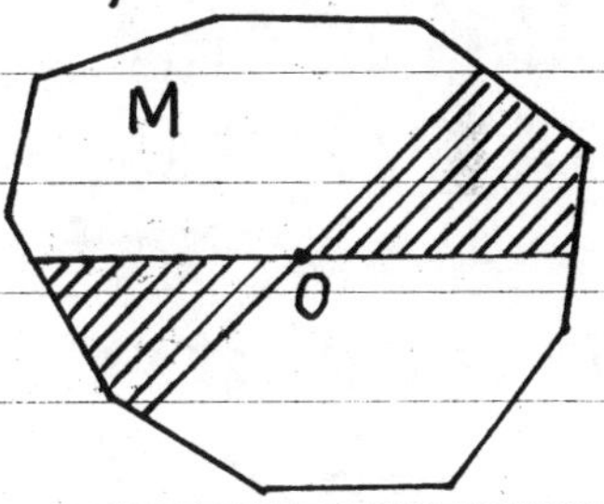

将给定的多边形M与它关于点O中心对称的多边形M′一起来考察．这时，在图中画有阴影线的图形恰好一个落在另一个之上，从点O发出的两条边分别重合．但两个阴影多边形之属于原多边形周界的边界部分不会完全重合．否则将导致多边形M的两条边平行．这表明多边形M与M′的周界在过点O且平分多边形面积的两条直线的每个交角之内必有交点．

设过点O且平分面积的直线共有k条，则由它们彼此相交而将点O的周角分成$2k$个角．由上述分析知，在每个角内都至少有多边形M与M′周界的1个交点，总共至少有$2k$个不同的交点．另一方面，多边形M的每条边与多边形M′的周界至多有两个交点．所以多边形M与M′的周界至多有$2n$个交点．故有

$$2k\leqslant 2n，\ k\leqslant n．$$

即过点O且平分多边形面积的直线至多n条．

311

※9　16名学生参加一次考试，试题全是选择题，每题都有4个选项．考完后发现，任何两名学生的答案至多有1题相同，问最多有多少道考题？说明理由．（1992年中国集训队选拔考试）

解　用16个点代表16名学生，当两名学生有1题答案相同时，便在相应两点间连一条线段．由已知，两点间至多有1条连线．于是图中至多有$C_{16}^2=120$条连线．

另一方面，设共有n道试题，对于其中每道题，设答案分别为1，2，3，4的人数分别为m_1，m_2，m_3，m_4，于是$m_1+m_2+m_3+m_4=16$．因而由于此题答案相同而导致的图中连线条数为

$$C_{m_1}^2+C_{m_2}^2+C_{m_3}^2+C_{m_4}^2=\frac{1}{2}(m_1^2+m_2^2+m_3^2+m_4^2)-8$$

$$\geq\frac{1}{8}(m_1+m_2+m_3+m_4)^2-8=24.$$

可见，当共有n道试题时，图中连线条数至少为$24n$，所以

$$24n\leq 120,\quad n\leq 5.$$

即至多有5道试题．　　换序求和＋举例

当试题为5题时，下表中列出的16名学生的答案满足题中要求：

	A	B	C	D	E	F	G	H	I	J	K	L	M	N	O	P
一	1	1	1	1	2	2	2	2	3	3	3	3	4	4	4	4
二	1	2	3	4	1	2	3	4	1	2	3	4	1	2	3	4
三	1	2	3	4	2	1	4	3	3	4	1	2	4	3	2	1
四	1	2	3	4	3	4	1	2	4	3	2	1	2	1	4	3
五	1	2	3	4	4	3	2	1	2	1	4	3	3	4	1	2

综上可知，最多有5道试题．

312

10　设有n个人，他们中的任意两人之间至多通电话1次，他们中任意$n-2$个人之间通电话的总次数都相等，都是3^k次，其中k为自然数，求n的所有可能值．（2000年全国联赛二试3题）

解　设n个人之间总通话次数为m，每$n-2$人之间通话3^k次．现在对每两人之间的一次通话在二人所在的每个$n-2$人组中计数一次，于是由于通话的两人共属于C_{n-2}^{n-4}个$n-2$人组，所以通话总次数一方面为$mC_{n-2}^{n-4}=mC_{n-2}^{2}$，另一方面又为$3^kC_n^{n-2}=3^kC_n^2$．从而有

$$3^kC_n^2=mC_{n-2}^2.$$

$$3^kn(n-1)=m(n-2)(n-3). \quad ①$$

（1）当n为偶数时，$(n-1,n-2)=1$，$(n,n-2)=2$，故有

$$n-2\mid 3^k\times 2,\quad n-2=2\times 3^t,\ 0\leqslant t\leqslant k.$$

代入①式得到

$$m\cdot 2\times 3^t(2\times 3^t-1)=3^k(2\times 3^t+2)(2\times 3^t+1),$$

$$m\cdot 3^t(2\times 3^t-1)=3^k(3^t+1)(2\times 3^t+1).$$

$$m(2\times 3^t-1)=3^{k-t}(3^t+1)(2\times 3^t+1). \quad ②$$

因为$(2\times 3^t-1,3^t+1)=(-3,3^t+1)=1$，$(2\cdot 3^t-1,2\cdot 3^t+1)=(2\cdot 3^t-1,2)=1$，所以有　**换序求和＋解不定方程**

$$(2\cdot 3^t-1)\mid 3^{k-t}.$$

又因当$t\neq 0$时，$2\cdot 3^t-1\equiv -1\pmod 3$，上式不能成立，所以$t=0$，$n=4$．这时$k=0$，$3^k=1$．由于$k=0$算自然数，所以$n=4$满足要求．

(2) 当n为奇数时，$(n-2, n-1)=1$，$(n-2, n)=1$，由①有

$$n-2 \mid 3^k,\quad n-2=3^t,\quad 1 \le t \le k.$$

代入①式得到

$$m3^t(3^t-1)=3^k(3^t+2)(3^t+1),$$

$$m(3^t-1)=3^{k-t}(3^t+2)(3^t+1). \quad ③$$

因为$(3^t-1, 3^t+2)=(3^t-1, 3)=1$，$(3^t-1, 3^t+1)=2$，所以有

$$(3^t-1) \mid 2\cdot 3^{k-t}. \quad ④$$

当$t>1$时，我们有

$$3^t-1=2(3^{t-1}+3^{t-2}+\cdots+3+1).$$

上式括号中的数大于1且不能被3整除，当然不能使④成立。所以有$t=1$，于是$n=5$，$k=1$。5人之间每两人通话一次，当然满足题中要求。

综上可知，满足题中要求的自然数共有两个：4和5。

190·

11　一次数学竞赛分为Ⅰ、Ⅱ两试，共有28个题目，每个参赛者都恰好解出7个题目，每两题都恰好有两人解出．试证必有一个参赛者在第Ⅰ试中或者一道题也未解出，或者至少解出4道题．

（1984年美国数学奥林匹克）

证　一方面，28个题目可以组成$C_{28}^2=14\times27$个不同的两题组，每组两题恰有两人解出，共有28×27个人（包括重复计数）．另一方面，设共有n个人参赛，每人解出7道题，共组成$C_7^2=21$个两题组，这就是说，在上述计数中，每人恰被计数21次，从而有

$$21n=28\times27,\quad n=36.$$

即共有36人参加比赛．

其次，每道题恰出现在27个不同的两题组中，每组两题恰有两人解出，每题共有54人解出（包括重复）．解出此题的每人都解出7题，共解出含此题的6个两题组．换句话说，在上面的计数中恰被计数6次．从而解出每个题目的人数都是9人．

设Ⅰ试中共有m个题目．若结论不成立，则每个参赛者在Ⅰ试中都解出1题，2题或3题．设解出1题、2题和3题的人数分别为x,y,z，于是有

换序求和+反证法

$$x+y+z=36,\qquad ①$$

$$x+2y+3z=9m.\qquad ②$$

Ⅰ试的m道题中每两题都恰被两人解出，这两人只能是在Ⅰ试中解出两题或3题的参赛者．故又有

$$y+3z=2C_m^2=m(m-1).\qquad ③$$

将①—③联立，[②-①]×3-③×2，得到

$$y=-2m^2+29m-108=-2\left(m-\frac{29}{4}\right)^2-\frac{23}{8}<0,$$

此不可能．这表完成了全部证明．

313

12 某班共有30名学生，每名学生在班内都有同样多的朋友。学期结束时，任何两名学生的成绩都可分出优劣，没有相同的。比自己的多半朋友的成绩都要好的学生称为"优秀学生"。问全班最多能有多少名优秀学生？说明理由。（1994年全俄数学奥林匹克）

解 设全班每人在班内都有k名朋友，共有x名优秀学生。于是全班共有$15k$个朋友对。

另一方面，全班第1名在全部k个朋友对中都是成绩较好的。其余的每名优秀学生都至少在$\left[\frac{k}{2}\right]+1$个朋友对中是成绩较好的。因此，$x$名优秀学生至少在$k+\frac{1}{2}(x-1)(k+1)\le k+(x-1)\left(\left[\frac{k}{2}\right]+1\right)$个朋友对中是成绩较好的。于是有

$$\frac{1}{2}(x-1)(k+1)+k\le 15k. \qquad (*)$$

解得 换序求和+举例

$$x\le\frac{28k}{k+1}+1. \qquad ①$$

此外，比班内最差的优秀学生成绩还差的学生数至多为$30-x$。于是又有

$$\frac{k+1}{2}\le 30-x,$$

$$k\le 59-2x. \qquad ②$$

注意，①式右端是k的增函数，故由①和②得到

$$x\le\frac{28(59-2x)}{60-2x}+1,\quad x^2-59x+856\ge 0. \qquad ③$$

由③解得 $x\le\frac{59-\sqrt{57}}{2}$，$x\ge\frac{59+\sqrt{57}}{2}$。因为$x<30$，所以得$x\le 25$。即班中至多有25名优秀学生，这时$k=9$。

下面设计一个朋友方案，使全班恰有25名优秀学生．将30名学生列表如右，并令满足下列3条之一的两人是朋友：

(1) 处于邻行但不同列；

(2) 同一列但1人在第6行；

(3) 同处于第1行．

1	2	3	4	5
6	7	8	9	10
11	12	13	14	15
16	17	18	19	20
21	22	23	24	25
26	27	28	29	30

可见，每人都有9个朋友且前25人都是优秀学生．

综上可知，全班最多有25名优秀学生．

注　构造全班有25名优秀学生的原则是前25名中，每人在确保自己是优秀学生的前提下，尽量给别人去“垫背”．具体地说，每人的9个朋友中，至有5个成绩不如自己的而另4个是比自己强的．例如，可令

$$|i-j|\le 4,\quad 1\le i\le 25,\quad 1\le j\le 29.$$

的两人i和j是朋友，再适当安排后5名即可．上面举的比较规整的例子则是对这一原则进行调整而得到的．虽然较为规整，但却有来历不明之嫌．

注　若将(*)式估计得精确一些，则前4名中，至多有6人次是比自己好的，于是得到

$$4k-6+\frac{1}{2}(x-4)(k+1)=\frac{1}{2}x(k+1)\le 13k+8.$$

$$x\le\frac{26x+16}{k+1}=26-\frac{10}{k+1}.\quad x\le 25.\ 若x=25，则k=9.$$

可减掉②－③的论明．

315　13　在正n边形中，以正n边形的3个顶点为顶点的互不全等的三角形共有多少个？（《中等数学》98-1-44）

解　设正n边形中共有M个互不全等的三角形，其中有M_1个正三角形，M_2个非正三角形的等腰三角形，M_3个不等边三角形。显然，$M_1\in\{0,1\}$。

局部化

固定一个顶点A，由正n边形的轮换对称性知，上述的M个互不全等的三角形都会在以A为一个顶点的三角形中出现，有的还不止一次出现。实际上，以A为一个顶点的正三角形有M_1个，非正的等腰三角形有$3M_2$个（正、左斜，右斜），不等边三角形有$6M_3$个（3个顶点中每个顶点作为A有左斜与右斜两种）。另一方面，以点A为一个顶点的三角形的个数又应为$C_{n-1}^2=\frac{1}{2}(n-1)(n-2)$。所以

$$M_1+3M_2+6M_3=\frac{1}{2}(n-1)(n-2).$$

不难看出，以A为一个顶点的互不全等的等腰三角形（包括正三角形）的个数为$\left[\frac{n-1}{2}\right]$。设$M_1=1-p$，$M_1+M_2=\frac{1}{2}(n-2+q)$，其中$p,q\in\{0,1\}$。这样一来，

$$\begin{aligned}12M&=12(M_1+M_2+M_3)=2(M_1+3M_2+6M_3)+6(M_1+M_2)+4M_1\\&=(n-1)(n-2)+3(n-2+q)+4(1-p)\\&=n^2+3q-4p.\end{aligned}$$

因为$|3q-4p|\leq 4<6$，而M为整数，所以M为离$\frac{n^2}{12}$最近的整数。

·314 14 试证可以将$\{1,2,\cdots,1986\}$中的每个数都涂上两种颜色之一，使得不存在含有18项的单色等差数列.

（1986年匈牙利数学奥林匹克）

证 记$S=\{1,2,\cdots,1986\}$，并记S中18个数构成的所有等差数列的集合为M．对任意$\alpha\in M$，设其首项为a，公差为d，于是有$1\leqslant a\leqslant 1969$，$1\leqslant d\leqslant\left[\frac{1986-a}{17}\right]$．对于每个$S\ni a\leqslant 1969$，当公差$d$取$\left\{1,2,\cdots,\left[\frac{1986-a}{17}\right]\right\}$中的一个值时，便可得到一个以$a$为首项，$d$为公差的等差数列$\alpha\in M$．因此有

$$|M|=\sum_{a=1}^{1969}\left[\frac{1986-a}{17}\right]\leqslant\sum_{a=1}^{1969}\frac{1986-a}{17}<\frac{1}{17}(1986\times1969-985\times1969)$$

$$=\frac{1}{17}\times1001\times1969<116000<2^{17}=131072.$$

对于每个$\alpha\in M$，作为单色等差数列这18个数有两种涂色法．S中除这18个数之外还有1968个数，每个数都有两种涂色法．因而使α为单色等差数列的不同涂色法共有2^{1969}种．可见，至少有一个单色的18项等差数列的所有不同涂色法的总数不超过

$$|M|\times2^{1969}<2^{1986}.$$

漏盖法

另一方面，用两种颜色为S中的1986个数涂色的所有不同方法总数为2^{1986}．所以至少有1种涂色法，使得S中不存在单色的18项等差数列.

※15 平面上给定10点，其中任意5点中都有4点共圆. 问有点最多的圆上最少有几个点？说明理由.（1991年中国数学奥林匹克）

证1 先来证明如下的引理.

引理 在题目所给的条件下，10点中必有5点共圆.

若不然，则10点中任何5点都不共圆. 换言之，任何5点中都有4点共圆，称之为四点圆. 给定10点可以构成$C_{10}^5=252$个不同的五点组，每组有一个四点圆，共有252个四点圆（包括重复）. 另一方面，每个四点圆都属于6个五点组，所以，共有42个不同的四点圆.

每个四点圆上有4个给定点，42个四点圆上共有168个点. 这些点都是10个给定点，由抽屉原理知，其中必有17个点是同一给定点. 换句话说，10个给定点中存在一点A至少在17个四点圆上.

这17个四点圆，每个圆上除A之外还有3点，共51点. 这些点全是除A之外的另外9点. 由抽屉原理又知存在B≠A，至少在这17个四点圆中的6个圆上. 于是这6个圆都过A、B两点. 由于这6个圆是不同的四点圆，所以每个圆上的另两点共12个点互不相同. 此与只有10个给定点矛盾. 引理证毕.

反证法＋组合计数＋抽屉原理

由引理知可设A_1，A_2，A_3，A_4，A_5都在⊙O上，如果另有两个给定点A_9，A_{10}不在⊙O上，则考察五点组$\{A_1,A_2,A_3,A_9,A_{10}\}$. 由已知，其中必有4点共圆$\odot O_1$. 显然，$A_1$，$A_2$，$A_3$不能同时属于$\odot O_1$，否则导致$A_9$或$A_{10}$属于⊙O. 不妨设$A_1,A_2,A_9,A_{10}\in\odot O_1$. 再考察五点组$\{A_3,A_4,A_5,A_9,A_{10}\}$，其中又有4点共圆$\odot O_2$. 不妨设$A_3,A_4,A_9,A_{10}\in\odot O_2$. 最后来考察五点组$\{A_1,A_3,A_5,A_9,A_{10}\}$. 同样应有4点

共圆且A_1, A_3, A_5不能同时在此圆上，记此圆为$\odot O_3$，因此

若$\left\{\begin{array}{l} A_1, A_3, \\ A_3, A_5, \\ A_1, A_5 \end{array}\right\} A_9, A_{10} \in \odot O_3$，则$\left\{\begin{array}{l} \odot O_3\text{重合于}\odot O_1, \odot O_2, \\ \odot O_3\text{重合于}\odot O_2, \\ \odot O_3\text{重合于}\odot O_1, \end{array}\right\} A_9, A_{10} \in \odot O$.

矛盾，所以10个给定点中至多1点不在$\odot O$上。

10个给定点中9点共圆而另一点不在此圆上，显然满足题中要求。所以，有点最多的圆上最少有9个点。

四 不等式的证明

主要方法

1 放缩法；
2 数学归纳法；
3 变量代换法；
4 命题转换法；
5 函数法；
6 磨光法；
7 基本不等式法；
8 分类法；
9 凸函数法（琴生不等式）；
10 求导法.

1. 设 $a>0$，$b>0$，$a+b=1$，求证 $\left(a+\frac{1}{a}\right)\left(b+\frac{1}{b}\right)\geqslant\frac{25}{4}$.

证1 设 $a=\frac{1}{2}+t$，于是 $b=1-a=\frac{1}{2}-t$，$|t|<\frac{1}{2}$. 所以有

恒等变形

$$\begin{aligned}\left(a+\frac{1}{a}\right)\left(b+\frac{1}{b}\right)&=\frac{a^2+1}{a}\cdot\frac{b^2+1}{b}\\&=\frac{\left(\frac{1}{2}+t\right)^2+1}{\frac{1}{2}+t}\cdot\frac{\left(\frac{1}{2}-t\right)^2+1}{\frac{1}{2}-t}\\&=\frac{\left(\frac{5}{4}+t^2+t\right)\left(\frac{5}{4}+t^2-t\right)}{\frac{1}{4}-t^2}\\&=\frac{\left(\frac{5}{4}+t^2\right)^2-t^2}{\frac{1}{4}-t^2}=\frac{\frac{25}{16}+t^4+\frac{5}{2}t^2-t^2}{\frac{1}{4}-t^2}\\&=\frac{\frac{25}{16}+t^4+\frac{3}{2}t^2}{\frac{1}{4}-t^2}\geqslant\frac{\frac{25}{16}}{\frac{1}{4}}=\frac{25}{4}.\end{aligned}$$

※证2 改写

$$\begin{aligned}\left(a+\frac{1}{a}\right)\left(b+\frac{1}{b}\right)&=\frac{a^2+1}{a}\cdot\frac{b^2+1}{b}=\frac{a^2b^2+a^2+b^2+1}{ab}\\&=ab+\frac{(a+b)^2-2ab+1}{ab}=ab+\frac{2}{ab}-2.\end{aligned}$$

$\because a>0,b>0,a+b=1$，$\therefore ab\leqslant\frac{1}{4}$.

函数法

又$\because$ 函数 $f(t)=t+\frac{2}{t}$ 在区间 $(0,\sqrt{2}]$ 上递减，

$\therefore \left(a+\frac{1}{a}\right)\left(b+\frac{1}{b}\right)=ab+\frac{2}{ab}-2\geqslant\frac{1}{4}+8-2=\frac{25}{4}$.

※证3 由均值不等式有

$$\begin{aligned}\left(a+\frac{1}{a}\right)\left(b+\frac{1}{b}\right)&=\left(ab+\frac{1}{ab}\right)+\left(\frac{b}{a}+\frac{a}{b}\right)\\&\geqslant\left(ab+\frac{1}{ab}\right)+2.\end{aligned}$$

因为函数 $f(t)=t+\frac{1}{t}$ 在区间 $(0,1]$ 上递减，所以

$$\left(a+\frac{1}{a}\right)\left(b+\frac{1}{b}\right)\geqslant\left(ab+\frac{1}{ab}\right)+2\geqslant\frac{1}{4}+4+2=\frac{25}{4}.$$

注　函数 $f(t)=t+\frac{a}{t}$ 在区间 $(0,\sqrt{a}]$ 上严格递减．设 $0<t_1<t_2\leqslant\sqrt{a}$，于是有

$$\begin{aligned}f(t_1)-f(t_2)&=(t_1-t_2)+a\left(\frac{1}{t_1}-\frac{1}{t_2}\right)\\&=(t_1-t_2)+\frac{a(t_2-t_1)}{t_1t_2}=(t_2-t_1)\left(\frac{a}{t_1t_2}-1\right).\end{aligned}$$

因为 $0<t_1<t_2\leqslant\sqrt{a}$，所以 $t_1t_2<a$．故有 $\frac{a}{t_1t_2}-1>0$．从而有

$$f(t_1)-f(t_2)>0.$$

由 $t_1<t_2$ 的任意性知 $f(t)$ 在 $(0,\sqrt{a}]$ 上严格递减．

（《广东数学》178页例2）

注2　对于函数 $f(t)=\frac{a}{t}+t$，有

$$f'(t)=1+a\left(-\frac{1}{t^2}\right)=1-\frac{a}{t^2}.$$

显然有

$$f'(t)\begin{cases}<0, & 当\ t<\sqrt{a};\\>0, & 当\ t>\sqrt{a}.\end{cases}$$

所以在 $(0,\sqrt{a}]$ 上严减，在 $[\sqrt{a},+\infty)$ 上严增．　(2005.10.9)

2．设 $0\leq a,b,c\leq 1$，求证 $\frac{a}{bc+1}+\frac{b}{ca+1}+\frac{c}{ab+1}\leq 2$.

证 a,b,c 这3个数中若有1个为0，则结论显然成立．以下设3个数都不为0．改写

$$\frac{a}{bc+1}+\frac{b}{ca+1}+\frac{c}{ab+1}\leq 2=\frac{2a+2b+2c}{a+b+c}.$$

命题转换—分解

下面我们来证明

$$\frac{a}{bc+1}\leq\frac{2a}{a+b+c} \qquad \frac{1}{bc+1}\leq\frac{2}{a+b+c}. \qquad ①$$

为证①，只须证明

$$2(bc+1)-(a+b+c)\geq 0. \qquad ②$$

对此，我们有

$$\begin{aligned}2(bc+1)-(a+b+c)&=(bc+1-a)+(bc+1-b-c)\\&\geq(1-a)+(1-b)(1-c)\geq 0,\end{aligned}$$

即②成立，从而①成立．

同理可证

$$\frac{b}{ca+1}\leq\frac{2b}{a+b+c}, \qquad \frac{c}{ab+1}\leq\frac{2c}{a+b+c}. \qquad ③$$

将①与③中两式相加，即得所求证的不等式．

（《唐立华》132页例14）

3　设 $a>0$，$b>0$，$a+b=1$，求证 $\left(a+\frac{1}{a}\right)^2+\left(b+\frac{1}{b}\right)^2\geqslant\frac{25}{2}$.

※证1　由均值不等式有

$$\left(a+\frac{1}{a}\right)^2+\left(b+\frac{1}{b}\right)^2\geqslant 2\left(a+\frac{1}{a}\right)\left(b+\frac{1}{b}\right). \quad ①$$

再由第1题的结果即得所欲证.

证2　设 $a=\frac{\alpha}{\alpha+\beta}$，$b=\frac{\beta}{\alpha+\beta}$，$\alpha>0$，$\beta>0$，于是有

$$\left(a+\frac{1}{a}\right)^2+\left(b+\frac{1}{b}\right)^2=\left(\frac{\alpha}{\alpha+\beta}+\frac{\alpha+\beta}{\alpha}\right)^2+\left(\frac{\beta}{\alpha+\beta}+\frac{\alpha+\beta}{\beta}\right)^2$$

$$=4+\frac{\alpha^2+\beta^2}{(\alpha+\beta)^2}+\frac{(\alpha+\beta)^2}{\alpha^2}+\frac{(\alpha+\beta)^2}{\beta^2}$$

$$=4+\frac{\alpha^2+\beta^2}{(\alpha+\beta)^2}+\frac{(\alpha+\beta)^2(\alpha^2+\beta^2)}{\alpha^2\beta^2}. \quad ②$$

由均值不等式有　　　　$y=x^2$ 为下凸函数

$$\alpha^2+\beta^2=\frac{1}{2}(\alpha^2+\beta^2)+\frac{1}{2}(\alpha^2+\beta^2)\geqslant\frac{1}{2}(\alpha^2+\beta^2)+\alpha\beta=\frac{1}{2}(\alpha+\beta)^2.$$

$$\therefore \frac{\alpha^2+\beta^2}{(\alpha+\beta)^2}\geqslant\frac{1}{2}, \quad ③$$

$$\frac{(\alpha+\beta)^2(\alpha^2+\beta^2)}{\alpha^2\beta^2}\geqslant\frac{(\alpha+\beta)^4}{2\alpha^2\beta^2}=\frac{1}{2}\left(\frac{\alpha+\beta}{\sqrt{\alpha\beta}}\right)^4\geqslant 8. \quad ④$$

将③和④代入②即得①.

※证3　由均值不等式有

$$\left(a+\frac{1}{a}\right)^2+\left(b+\frac{1}{b}\right)^2=a^2+2+\frac{1}{a^2}+b^2+2+\frac{1}{b^2}$$

$$=4+(a^2+b^2)+\left(\frac{1}{a^2}+\frac{1}{b^2}\right)$$

$$\geqslant 4+2ab+2\frac{1}{ab}=4+2\left(ab+\frac{1}{ab}\right).$$

因为 $a+b=1$，$a>0$，$b>0$，所以 $ab\leqslant\frac{1}{4}$。又因函数 $f(t)=t+\frac{1}{t}$ 在区间 $(0,1]$ 上递减，所以

$$ab+\frac{1}{ab}\geqslant\frac{1}{4}+4=\frac{17}{4}.$$

$$\therefore \left(a+\frac{1}{a}\right)^2+\left(b+\frac{1}{b}\right)^2\geqslant 4+2\left(ab+\frac{1}{ab}\right)\geqslant 4+\frac{17}{2}=\frac{25}{2}.$$

※ 证4 由均值不等式有

$$\begin{aligned}\left(a+\frac{1}{a}\right)^2+\left(b+\frac{1}{b}\right)^2&=4+(a^2+b^2)+\left(\frac{1}{a^2}+\frac{1}{b^2}\right)\\&=4+(a^2+b^2)+\frac{b^2+a^2}{a^2b^2}\\&=4+(a^2+b^2)\left(1+\frac{1}{a^2b^2}\right)\\&\geqslant 4+\frac{1}{2}(a+b)^2\left(1+\frac{1}{a^2b^2}\right)\\&=4+\frac{1}{2}\left(1+\frac{1}{a^2b^2}\right)\\&\geqslant 4+\frac{1}{2}(1+16)=4+\frac{17}{2}=\frac{25}{2}.\end{aligned}$$

（《广东教学》18页例9）

※ 证5 因为 $f(x)=x^2$ 为下凸函数，故有

$$\left(a+\frac{1}{a}\right)^2+\left(b+\frac{1}{b}\right)^2\geqslant\frac{1}{2}\left(a+\frac{1}{a}+b+\frac{1}{b}\right)^2=\frac{1}{2}\left(1+\frac{1}{a}+\frac{1}{b}\right)^2$$

$$=\frac{1}{2}\left(1+\frac{1}{ab}\right)^2.$$

$\because a>0$，$b>0$，$a+b=1$，$\therefore ab\leqslant\frac{1}{4}$，代入上式即得

$$\left(a+\frac{1}{a}\right)^2+\left(b+\frac{1}{b}\right)^2\geqslant\frac{1}{2}\left(1+\frac{1}{ab}\right)^2\geqslant\frac{1}{2}(1+4)^2=\frac{25}{2}.$$

（2005.10.10）

4. 设 $a_i>0$，$i=1,2,\cdots,n$，$a_1+a_2+\cdots+a_n=1$，求证

$$\frac{a_1^2}{a_1+a_2}+\frac{a_2^2}{a_2+a_3}+\cdots+\frac{a_{n-1}^2}{a_{n-1}+a_n}+\frac{a_n^2}{a_n+a_1}\geqslant\frac{1}{2}. \qquad ①$$

（1990年全苏数学奥林匹克）

证 因为

$$\frac{a_1^2-a_2^2}{a_1+a_2}+\frac{a_2^2-a_3^2}{a_2+a_3}+\cdots+\frac{a_{n-1}^2-a_n^2}{a_{n-1}+a_n}+\frac{a_n^2-a_1^2}{a_n+a_1}$$

$$=(a_1-a_2)+(a_2-a_3)+\cdots+(a_{n-1}-a_n)+(a_n-a_1)=0,$$

所以有

$$\frac{a_1^2}{a_1+a_2}+\frac{a_2^2}{a_2+a_3}+\cdots+\frac{a_{n-1}^2}{a_{n-1}+a_n}+\frac{a_n^2}{a_n+a_1}$$

$$=\frac{a_2^2}{a_1+a_2}+\frac{a_3^2}{a_2+a_3}+\cdots+\frac{a_n^2}{a_{n-1}+a_n}+\frac{a_1^2}{a_n+a_1}. \qquad ②$$

由②知，不等式①等价于

$$\frac{a_1^2+a_2^2}{a_1+a_2}+\frac{a_2^2+a_3^2}{a_2+a_3}+\cdots+\frac{a_{n-1}^2+a_n^2}{a_{n-1}+a_n}+\frac{a_n^2+a_1^2}{a_n+a_1}\geqslant 1. \qquad ③$$

$f(x)=x^2$ 为下凸函数，$\therefore a^2+b^2\geqslant\frac{1}{2}(a+b)^2$.

$$\therefore \frac{a^2+b^2}{a+b}\geqslant\frac{1}{2}(a+b).$$

$$\therefore \frac{a_i^2+a_{i+1}^2}{a_i+a_{i+1}}\geqslant\frac{1}{2}(a_i+a_{i+1}),\quad i=1,2,\cdots,n,\quad a_{n+1}=a_1.$$

将上述 n 个不等式求和即得③式，从而①式成立.

证2 由柯西不等式并注意 $a_1+a_2+\cdots+a_n=1$

$$①式左端=\left(\frac{a_1^2}{a_1+a_2}+\frac{a_2^2}{a_2+a_3}+\cdots+\frac{a_n^2}{a_n+a_1}\right)=\left(\frac{a_1^2}{a_1+a_2}+\cdots+\frac{a_n^2}{a_n+a_1}\right)\big((a_1+a_2)+\cdots+(a_n+a_1)\big)$$

$$\geqslant\left(\sum_{i=1}^{n}a_i\right)^2\cdot\frac{1}{2}=\frac{1}{2}.$$

5. 设 $x,y,z\geqslant 0$，$x+y+z=1$，求证

$$2(x^2+y^2+z^2)+9xyz\geqslant 1.\qquad ①$$

证1 由对称性之，可设 $0\leqslant x\leqslant y\leqslant z$. 注意当 $x=y=z=\frac{1}{3}$ 时，①式中等号成立. 令

$$x=\frac{1}{3}+u,\ y=\frac{1}{3}+v,\ z=\frac{1}{3}+w.\qquad ②$$

变量代换法

于是由假设之，

$$-\frac{1}{3}\leqslant u\leqslant 0,\ u\leqslant v\leqslant w\leqslant\frac{2}{3},\ u+v+w=0.\qquad ③$$

将变换②代入①，得到等价的不等式

$$2(u^2+v^2+w^2)+3(uv+vw+wu)+9uvw\geqslant 0.$$

由于 $u+v+w=0$，所以 $uv+vw+wu=-\frac{1}{2}(u^2+v^2+w^2)$. 从而①式又等价于

$$\frac{1}{2}(u^2+v^2+w^2)+9uvw\geqslant 0,\qquad ④$$

其中 u,v,w 满足条件③.

当 $u,v\leqslant 0$ 时，$w\geqslant 0$. ④式显然成立. 故只须再证 $u\leqslant 0$，$v,w\geqslant 0$ 的情形. 这时 $u=-(v+w)$，于是

$$\begin{aligned}\frac{1}{2}(u^2+v^2+w^2)+9uvw&=v^2+w^2+vw-9(v+w)vw\\&=(v-w)^2+3vw-9(v+w)vw\\&=(v-w)^2+3vw(1+3u).\end{aligned}$$

因为 $-\frac{1}{3}\leqslant u\leqslant 0$，所以 $1+3u\geqslant 0$. 从而④式成立.

※ 证2 设 $0\leqslant x\leqslant y\leqslant z$. 注意，当 $x=y=z=\frac{1}{3}$ 或 $x=0$，$y=z=\frac{1}{2}$ 时，①式中等号成立.

(1) 若 $z \geqslant \frac{4}{9}$，则 $9z-4 \geqslant 0$，于是

$$2(x^2+y^2+z^2)+9xyz = 2[(x+y)^2+z^2]+xy(9z-4)$$
$$\geqslant 2[(x+y)^2+z^2]$$
$$=2(x+y+z)^2-4(x+y)z$$
$$=2-4(x+y)z \geqslant 1.$$

(2) 若 $z<\frac{4}{9}$，则 $9z-4<0$. 这时 $x \leqslant \frac{1}{3} \leqslant z$. 作磨光变换

分类证明法

$$x'=\frac{1}{3},\ z'=x+z-x',\ y=y',$$

于是有

$$2(x^2+y^2+z^2)+9xyz = 2[(x+z)^2+y^2]+xz(9y-4)$$
$$\geqslant 2[(x'+z')^2+y'^2]+x'z'(9y'-4)$$
$$=2(x'^2+y'^2+z'^2)+9x'y'z'$$
$$=\frac{2}{9}+2(y'^2+z'^2)+3y'z'$$
$$=\frac{2}{9}+2(y'+z')^2-y'z'$$
$$=\frac{10}{9}-y'z' \geqslant 1.\ \left(y'+z'=\frac{2}{3}\right)$$

这就完成了全部证明. （《三辑》40页例3）

齐次化方法

※证3 按齐次化方法，由①有

$$2(x^2+y^2+z^2)(x+y+z)+9xyz \geqslant (x+y+z)^3.$$

$$\Longleftrightarrow 2(x^3+y^3+z^3+x^2y+x^2z+y^2x+y^2z+z^2x+z^2y)+9xyz$$
$$\geqslant x^3+y^3+z^3+6xyz+3(x^2y+x^2z+y^2x+y^2z+z^2x+z^2y),$$

$$\Longleftrightarrow x^3+y^3+z^3+3xyz \geqslant x^2y+x^2z+y^2x+y^2z+z^2x+z^2y, \quad ②$$ 真！

6. 设 $a,d\geqslant 0$，$b,c>0$，$b+c\geqslant a+d$，求证

$$\frac{b}{c+d}+\frac{c}{b+a}\geqslant\sqrt{2}-\frac{1}{2}. \quad ①$$

（1988年全苏数学奥林匹克）

证　不妨设 $a+b\geqslant c+d$．由于 $b+c\geqslant\frac{1}{2}(a+b+c+d)$，所以有

$$\begin{aligned}\frac{b}{c+d}+\frac{c}{a+b}&=\frac{b+c}{c+d}-\frac{c}{c+d}+\frac{c}{a+b}\\&\geqslant\frac{1}{2}\frac{a+b+c+d}{c+d}-(c+d)\left(\frac{1}{c+d}-\frac{1}{a+b}\right)\\&=\frac{1}{2}\frac{a+b}{c+d}+\frac{c+d}{a+b}-\frac{1}{2}. \quad ②\end{aligned}$$

再由均值不等式，便得

$$\frac{1}{2}\frac{a+b}{c+d}+\frac{c+d}{a+b}-\frac{1}{2}\geqslant\sqrt{2}-\frac{1}{2}. \quad ③$$

将②和③结合起来即得①．

$$\Longleftrightarrow x^2(x-y)+y^2(y-z)+z^2(z-x)\geqslant xy(y-z)+yz(z-x)+zx(x-y)$$

$$\Longleftrightarrow x(x-z)(x-y)+y(y-x)(y-z)+z(z-y)(z-x)\geqslant 0. \quad ③$$

为证③式，不妨设 $0\leqslant x\leqslant y\leqslant z$，于是③式左端第1、3(两)项非负，而第2项非正．于是有

$$\begin{aligned}③左&\geqslant z(z-y)(z-x)-y(y-x)(z-y)\\&\geqslant z(z-y)(y-x)-y(y-x)(z-y)=(z-y)^2(y-x)\geqslant 0,\end{aligned}$$

即③成立．这同时也证明了①和②成立．注意，②可作为一个单独习题．

（2008.8.12）

7　已知 $a>0$，$b>0$，$\frac{1}{a}+\frac{1}{b}=1$．求证对所有正整数 n，均有

$$(a+b)^n-a^n-b^n\geqslant 2^{2n}-2^{n+1}. \quad ①$$

（1988年全国高中联赛一试五题）

证1　$\because 0<\frac{1}{a}<1$，$\therefore a>1$．令 $a=1+t\ (t>0)$．于是 $b=1+\frac{1}{t}$．①式左端可以化成

$$\begin{aligned}(a+b)^n-a^n-b^n&=(ab)^n-a^n-b^n=(a^n-1)(b^n-1)-1\\&=\left[(1+t)^n-1\right]\left[\left(1+\frac{1}{t}\right)^n-1\right]-1\\&=(C_n^1t+C_n^2t^2+\cdots+C_n^nt^n)\cdot(C_n^1t^{-1}+C_n^2t^{-2}+\cdots\\&\quad+C_n^nt^{-n})-1. \quad ②\end{aligned}$$

由柯西不等式有

$$\begin{aligned}&(C_n^1t+C_n^2t^2+\cdots+C_n^nt^n)(C_n^1t^{-1}+C_n^2t^{-2}+\cdots+C_n^nt^{-n})-1\\\geqslant&(C_n^1+C_n^2+\cdots+C_n^n)^2-1=(2^n-1)^2-1=2^{2n}-2^{n+1}. \quad ③\end{aligned}$$

将③代入②即得①．

证2　当 $n=1$ 时，①式显然成立．设当 $n=k$ 时①式成立，于是当 $n=k+1$ 时，有

$$\begin{aligned}(a+b)^{k+1}&=(a+b)^k(a+b)\geqslant(a^k+b^k)(a+b)+(2^{2k}-2^{k+1})(a+b)\\&=a^{k+1}+b^{k+1}+a^kb+ab^k+(2^{2k}-2^{k+1})(a+b). \quad ④\end{aligned}$$

$\because \frac{1}{a}+\frac{1}{b}=1$，$\therefore a+b=ab\geqslant 4$．代入④式得到

$$\begin{aligned}(a+b)^{k+1}&=a^{k+1}+b^{k+1}+(a^kb+ab^k)+(2^{2k}-2^{k+1})(a+b)\\&\geqslant a^{k+1}+b^{k+1}+2(a^{k+1}b^{k+1})^{\frac{1}{2}}+(2^{2k+2}-2^{k+3})\\&\geqslant a^{k+1}+b^{k+1}+2^{k+2}+2^{2k+2}-2^{k+3}\end{aligned}$$

$$=a^{k+1}+b^{k+1}+2^{2k+2}-2^{k+2},$$

即当 $n=k+1$ 时①式成立. 由归纳法知①式对所有 n 成立.

证3 当 $n=1$ 时①式显然成立. 当 $n\geq 2$ 时, 由二项式定理有

$$(a+b)^n-a^n-b^n=\sum_{k=1}^{n-1}C_n^k a^k b^{n-k}.$$

由均值不等式有

$$a^k b^{n-k}+a^{n-k}b^k\geq 2(ab)^{\frac{n}{2}}.$$

$\frac{1}{a}+\frac{1}{b}=1$

$\frac{1}{a}\frac{1}{b}\leq\frac{1}{4}$

$ab\geq 4.$

又因 $\frac{1}{a}+\frac{1}{b}=1$, 所以 $a+b=ab\geq 4$. 从而有

$$\begin{aligned}(a+b)^n-a^n-b^n&=\sum_{k=1}^{n-1}C_n^k a^k b^{n-k}\\&=\frac{1}{2}\sum_{k=1}^{n-1}C_n^k(a^k b^{n-k}+a^{n-k}b^k)\\&\geq\sum_{k=1}^{n-1}C_n^k(ab)^{\frac{n}{2}}\geq 2^n\sum_{k=1}^{n-1}C_n^k\\&=2^n(2^n-2)=2^{2n}-2^{n+1}.\end{aligned}$$

证4 $\because \frac{1}{a}+\frac{1}{b}=1$, $\therefore a+b=ab\geq 4$, $(a-1)(b-1)=ab-(a+b)+1=1$. 于是由柯西不等式有

$$(a+b)^n-a^n-b^n=(ab)^n-a^n-b^n=(a^n-1)(b^n-1)-1$$
$$=(a-1)(b-1)(a^{n-1}+a^{n-2}+\cdots+a+1)(b^{n-1}+b^{n-2}+\cdots+b+1)-1$$
$$=(a^{n-1}+a^{n-2}+\cdots+a+1)(b^{n-1}+b^{n-2}+\cdots+b+1)-1$$
$$\geq\left[(ab)^{\frac{n-1}{2}}+(ab)^{\frac{n-2}{2}}+\cdots+(ab)^{\frac{1}{2}}+1\right]^2-1$$
$$\geq(2^{n-1}+2^{n-2}+\cdots+2+1)^2-1=(2^n-1)^2-1=2^{2n}-2^{n+1}.$$

8. 设 $a_1, a_2, \cdots, a_n, b_1, b_2, \cdots, b_n \in [1,2]$ 且 $\sum_{i=1}^{n} a_i^2 = \sum_{i=1}^{n} b_i^2$，求证

$$\sum_{i=1}^{n} \frac{a_i^3}{b_i} \leqslant \frac{17}{10} \sum_{i=1}^{n} a_i^2, \quad ①$$

并求等号成立的充要条件. （1998年全国联赛加试2题）

解 由于 $a_i, b_i \in [1,2]$，所以

$$\frac{1}{2} \leqslant \frac{\sqrt{\frac{a_i^3}{b_i}}}{\sqrt{a_i b_i}} = \frac{a_i}{b_i} \leqslant 2, \quad i = 1, 2, \cdots, n. \quad ②$$

由 a_i, b_i 的变化范围入手

从而有

$$\left(\frac{1}{2}\sqrt{a_i b_i} - \sqrt{\frac{a_i^3}{b_i}}\right)\left(2\sqrt{a_i b_i} - \sqrt{\frac{a_i^3}{b_i}}\right) \leqslant 0, \quad ③_i$$

$$a_i b_i - \frac{5}{2} a_i^2 + \frac{a_i^3}{b_i} \leqslant 0, \quad i = 1, 2, \cdots, n.$$

对 i 求和，得到

$$\sum_{i=1}^{n} \frac{a_i^3}{b_i} \leqslant \frac{5}{2} \sum_{i=1}^{n} a_i^2 - \sum_{i=1}^{n} a_i b_i. \quad ③$$

由②又有

$$\left(\frac{1}{2} b_i - a_i\right)\left(2 b_i - a_i\right) \leqslant 0, \quad ④_i$$

$$b_i^2 - \frac{5}{2} a_i b_i + a_i^2 \leqslant 0,$$

$$a_i b_i \geqslant \frac{2}{5}\left(a_i^2 + b_i^2\right), \quad i = 1, 2, \cdots, n. \quad ④$$

由于 $\sum a_i^2 = \sum b_i^2$，对④由1到 n 求和，得到

$$\sum_{i=1}^{n} a_i b_i \geqslant \frac{2}{5} \sum_{i=1}^{n} \left(a_i^2 + b_i^2\right) = \frac{4}{5} \sum_{i=1}^{n} a_i^2. \quad ⑤$$

将⑤代入③，得到

$$\sum_{i=1}^{n} \frac{a_i^3}{b_i} \leqslant \frac{5}{2} \sum_{i=1}^{n} a_i^2 - \frac{4}{5} \sum_{i=1}^{n} a_i^2 = \frac{17}{10} \sum_{i=1}^{n} a_i^2.$$

从证明过程可见，为使①式中等号成立，当且仅当(3_i)和(4_i)对所有i都使等号成立，即有$a_i=1$，$b_i=2$或者$a_i=2$，$b_i=1$. 又因$\sum a_i^2=\sum b_i^2$，所以，①式中等号成立的充分必要条件是n为偶数，且$a_1,a_2,\cdots,a_n$中一半是1，另一半是2，$b_i=3-a_i$，$i=1,2,\cdots,n$.

17. 设非负实数p,q,r满足$p+q+r=1$. 求证

$$7(pq+qr+rp)\leqslant 2+9pqr. \quad ①$$

证 注意，这是一个非齐次不等式. 但是，由于$p+q+r=1$，故可将①式化为齐次的. 这一方法很有用，称之为"齐次化方法". ①式等价于

$$(p+q+r)7(pq+qr+rp)\leqslant 2(p+q+r)^3+9pqr. \quad ②$$

$$\begin{aligned}&7(p+q+r)(pq+qr+rp)\\=&7(p^2q+pqr+p^2r+pq^2+q^2r+pqr+pqr+qr^2+r^2p)\\=&7(p^2q+p^2r+q^2p+q^2r+r^2p+r^2q)+21pqr. \quad ③\end{aligned}$$

$$\begin{aligned}&2(p+q+r)^3+9pqr\\=&2(p^3+q^3+r^3+3p^2q+3p^2r+3q^2p+3q^2r+3r^2p+3r^2q+6pqr)+9pqr\\=&2(p^3+q^3+r^3)+6(p^2q+p^2r+q^2p+q^2r+r^2p+r^2q)+21pqr. \quad ④\end{aligned}$$

由③和④知，为证②，只须证明

$$p^2q+p^2r+q^2p+q^2r+r^2p+r^2q\leqslant 2(p^3+q^3+r^3). \quad ⑤$$

由排序不等式知⑤式成立.

9. 求证 $16<\sum_{k=1}^{80}\frac{1}{\sqrt{k}}<17$.（1992年全国联赛一试三题）

证 $\because \sqrt{k-1}<\sqrt{k}<\sqrt{k+1}$,

$\therefore \sqrt{k}+\sqrt{k-1}<2\sqrt{k}<\sqrt{k}+\sqrt{k+1}$.

$\therefore \frac{2}{\sqrt{k}+\sqrt{k+1}}<\frac{1}{\sqrt{k}}<\frac{2}{\sqrt{k}+\sqrt{k-1}}$.

$\therefore 2(\sqrt{k+1}-\sqrt{k})<\frac{1}{\sqrt{k}}<2(\sqrt{k}-\sqrt{k-1}),\ k=1,2,\cdots$. ①

对上式从1到80求和，得到

$$\sum_{k=1}^{80}\frac{1}{\sqrt{k}}>2(\sqrt{81}-1)=16. \quad ②$$

另一方面，对①式从2到80求和，又有

$$\sum_{k=1}^{80}\frac{1}{\sqrt{k}}=1+\sum_{k=2}^{80}\frac{1}{\sqrt{k}}<1+2(\sqrt{80}-1)<17. \quad ③$$

将②与③结合起来即得所求证的不等式.

10. 设$a,b,c>0$，$abc=1$，求证 （《启东中学》15题）

$$\left(a-1+\frac{1}{b}\right)\left(b-1+\frac{1}{c}\right)\left(c-1+\frac{1}{a}\right)\leqslant 1. \quad ① \quad (2000年IMO 2题)$$

证1 令$a=\frac{x}{y}$，$b=\frac{y}{z}$，$c=\frac{z}{x}$，这里x,y,z都是正实数，于是原不等式①等价于

$$(x-y+z)(y-z+x)(z-x+y)\leqslant xyz. \quad ②$$

记$u=x-y+z$，$v=y-z+x$，$w=z-x+y$，于是$u+v=2x$，$v+w=2y$，$w+u=2z$，即u,v,w中任意两数之和都是正数，所以这3个数中至多1个为负数。

若u,v,w中有1个负数、2个正数，则显然有$uvw<0<xyz$，即②成立。

若u,v,w都是正数，则由均值不等式有

$$\sqrt{uv}=\sqrt{(x-y+z)(y-z+x)}\leqslant\frac{1}{2}(x-y+z+y-z+x)=x.$$

同理有$\sqrt{vw}\leqslant y$，$\sqrt{wu}\leqslant z$。所以有

$$uvw=\sqrt{uv}\sqrt{vw}\sqrt{wu}\leqslant xyz.$$

即②成立，从而①成立。

证2 (1) 设$a-1+\frac{1}{b}$，$b-1+\frac{1}{c}$，$c-1+\frac{1}{a}$不全为正数。不妨设$a-1+\frac{1}{b}\leqslant 0$，于是$a<1$，$b>1$，从而$b-1+\frac{1}{c}$，$c-1+\frac{1}{a}$都是正数。

$$\therefore \left(a-1+\frac{1}{b}\right)\left(b-1+\frac{1}{c}\right)\left(c-1+\frac{1}{a}\right)\leqslant 0<1.$$

(2) 设$a-1+\frac{1}{b}>0$，$b-1+\frac{1}{c}>0$，$c-1+\frac{1}{a}>0$，于是原不等式①等价于

$$\left(a-1+\frac{1}{b}\right)^2\left(b-1+\frac{1}{c}\right)^2\left(c-1+\frac{1}{a}\right)^2\leqslant 1. \quad ①'$$

$\because abc=1$，$a,b,c>0$，

$$\therefore \left(a-1+\frac{1}{b}\right)\left(b-1+\frac{1}{c}\right)=(a-abc+ac)(bc-c+1)\frac{1}{c}$$
$$=(1-bc+c)(1+bc-c)\frac{a}{c}$$
$$=\left[1-(bc-c)^2\right]\frac{a}{c}\leqslant\frac{a}{c}.$$

同理 $\left(b-1+\frac{1}{c}\right)\left(c-1+\frac{1}{a}\right)\leqslant\frac{b}{a}$，$\left(c-1+\frac{1}{a}\right)\left(a-1+\frac{1}{b}\right)=\frac{c}{b}$．所以①′式成立．从而①成立．

16　设 $\frac{3}{2}\leqslant x\leqslant 5$，求证 $2\sqrt{x+1}+\sqrt{2x-3}+\sqrt{15-3x}<2\sqrt{19}$．

（2003年全国联赛一试13题）

证　对于任何非负数 a,b,c,d，由均值不等式有
$$a+b+c+d\leqslant 2\sqrt{a^2+b^2+c^2+d^2},\qquad ①$$
其中等号当且仅当 $a=b=c=d$ 时成立．在①式中取 $a=b=\sqrt{x+1}$，$c=\sqrt{2x-3}$，$d=\sqrt{15-3x}$，得到
$$2\sqrt{x+1}+\sqrt{2x-3}+\sqrt{15-3x}$$
$$\leqslant 2\sqrt{(x+1)+(x+1)+(2x-3)+(15-3x)}=2\sqrt{x+14}\leqslant 2\sqrt{19}.\qquad ②$$
因为 $\sqrt{x+1}=\sqrt{2x-3}$ 的唯一解是 $x=4$，而当 $x=4$ 时 $\sqrt{15-3x}=\sqrt{3}\neq\sqrt{5}=\sqrt{x+1}$，所以①式中等号不能成立，从而②式中等号也不能成立．故知所求证的不等式成立．

证2　因为 $f(x)=\sqrt{x}$ 在 $[0,+\infty)$ 上是严格上凸函数，所以由琴生不等式有
$$2\sqrt{x+1}+\sqrt{2x-3}+\sqrt{15-3x}<4\sqrt{\frac{1}{4}(x+1+x+1+2x-3+15-3x)}=2\sqrt{x+14}$$
$$\leqslant 2\sqrt{19}.$$

（2005.10.10）

11. 设 $x, y, z \in R$，$x+y+z=0$，求证

$$6(x^3+y^3+z^3)^2 \leq (x^2+y^2+z^2)^3. \qquad ①$$

证1 令

$$x=r\cos\theta,\ y=r\sin\theta,\ z=-r(\cos\theta+\sin\theta),$$

不妨设 $r>0$，否则 $r=0$，$x=y=z=0$，①式显然成立。于是有

$$6(x^3+y^3+z^3)^2 \leq (x^2+y^2+z^2)^3$$

$$\Longleftrightarrow 6(\cos^3\theta+\sin^3\theta-(\cos\theta+\sin\theta)^3)^2 \leq (\cos^2\theta+\sin^2\theta+(\cos\theta+\sin\theta)^2)^3$$

$$\Longleftrightarrow 6(-3\sin\theta\cos\theta(\cos\theta+\sin\theta))^2 \leq (2+2\sin\theta\cos\theta)^3$$

$$\Longleftrightarrow 54(\sin\theta\cos\theta(\cos\theta+\sin\theta))^2 \leq (2+\sin 2\theta)^3$$

$$\Longleftrightarrow 27(\sin 2\theta(\cos\theta+\sin\theta))^2 \leq 2(2+\sin 2\theta)^3$$

$$\Longleftrightarrow 27\sin^2 2\theta(1+\sin 2\theta) \leq 16+12\sin^2 2\theta+24\sin 2\theta+2\sin^3 2\theta$$

$$\Longleftrightarrow 25\sin^3 2\theta+15\sin^2 2\theta-24\sin 2\theta-16 \leq 0$$

$$\Longleftrightarrow (\sin 2\theta-1)(5\sin 2\theta+4)^2 \leq 0 \qquad ②$$

显然，②式成立，从而①式成立。

证2 因为 $x+y+z=0$，故若 x, y, z 中有一个为0，则另两个互为相反数，于是①式左端为0，①式当然成立。否则，x, y, z 均不为0，其中必有两个同号，不妨设 x 与 y 同号，于是有

$$(x^2+y^2+z^2)^3 = [(x^2+y^2)+(x+y)^2]^3$$

$$= [(x^2+y^2)+x(x+y)+y(x+y)]^3$$

$$\geq [2xy+x(x+y)+y(x+y)]^3.$$

因为 $2xy$，$x(x+y)$，$y(x+y)$ 均为正数，故由均值不等式有

$$(x^2+y^2+z^2)^3 \geq 3^3 \cdot 2xy \cdot x(x+y) \cdot y \cdot (x+y)$$
$$= 54x^2y^2(x+y)^2 = 54x^2y^2z^2. \quad ③$$

又因 $x+y+z=0$，所以有

$$x^3+y^3+z^3 = x^3+y^3-(x+y)^3 = -3x^2y-3xy^2$$
$$= 3xy(-x-y) = 3xyz. \quad ④$$

将④代入③，即得

$$(x^2+y^2+z^2)^3 \geq 54x^2y^2z^2 = 6(3xyz)^2$$
$$= 6(x^3+y^3+z^3)^2,$$

即①式成立.

（《詹立华》133页例6）

12 设 $x_i\in[0,1]$，$i=1,2,\cdots,n$，$n\geqslant 2$，求证

$$\sum_{i=1}^{n}x_i-\sum_{1\leqslant i<j\leqslant n}x_ix_j\leqslant 1. \quad ①$$

（1994年罗马尼亚数学奥）
（《代数大辞典》9·266）

证 用数学归纳法来证明.

当 $n=2$ 时，我们有

$$x_1+x_2-x_1x_2=x_1+x_2(1-x_1)\leqslant x_1+(1-x_1)=1.$$

即 $n=2$ 时 ① 式成立.

设 $n=k$ 时 ① 式成立. 当 $n=k+1$ 时，写

$$\sum_{i=1}^{k+1}x_i-\sum_{1\leqslant i<j\leqslant k+1}x_ix_j$$

$$=\sum_{i=1}^{k}x_i-\sum_{1\leqslant i<j\leqslant k}x_ix_j+x_{k+1}\left(1-\sum_{i=1}^{k}x_i\right) \quad ②$$

若 $1-\sum_{i=1}^{k}x_i\leqslant 0$，则由 ② 和归纳假设有

$$\sum_{i=1}^{k+1}x_i-\sum_{1\leqslant i<j\leqslant k+1}x_ix_j\leqslant\sum_{i=1}^{k}x_i-\sum_{1\leqslant i<j\leqslant k}x_ix_j\leqslant 1. \quad ③$$

若 $1-\sum_{i=1}^{k}x_i>0$，则因 $x_{k+1}\in[0,1]$，故有

$$\sum_{i=1}^{k+1}x_i-\sum_{1\leqslant i<j\leqslant k+1}x_ix_j\leqslant\sum_{i=1}^{k}x_i-\sum_{1\leqslant i<j\leqslant k}x_ix_j+1-\sum_{i=1}^{k}x_i$$

$$=1-\sum_{1\leqslant i<j\leqslant k}x_ix_j\leqslant 1. \quad ④$$

将 ③ 和 ④ 结合起来即知 ① 式于 $n=k+1$ 时成立. 由数学归纳法知 ① 式对所有 $n\geqslant 2$ 成立.

13. 已知 $0<a<1$，$x^2+y=0$，求证

$$\log_a(a^x+a^y)\le\log_a 2+\frac{1}{8}.$$（1991年全国联赛一试五题）

证 因为 $0<a<1$，$a^x>0$，$a^y>0$，故知 $\log_a x$ 是严格递减函数，由均值不等式有

$$a^x+a^y\ge 2\sqrt{a^x\cdot a^y}=2a^{\frac{x+y}{2}}. \quad ①$$

再由 $\log_a x$ 的递减性又有

$$\begin{aligned}\log_a(a^x+a^y)&\le\log_a(2a^{\frac{x+y}{2}})\\&=\log_a 2+\frac{x+y}{2}=\log_a 2+\frac{1}{2}(x-x^2) \quad ②\\&=\log_a 2+\frac{1}{2}(1-x)x\\&\le\log_a 2+\frac{1}{8}.\end{aligned}$$

这里，因函数 $y=a^x\ (a<1)$ 为下凸函数，故也可得到①式。

证2 因为 $\log_a t=f(t)$ 是下凸函数，所以有

$$\log_a(a^x+a^y)=\log_a 2+\log_a\frac{a^x+a^y}{2}\le\log_a 2+\frac{x+y}{2}$$

即②式成立。

注 若 $\frac{1}{2}(1-x)x<0$，则当然有 $\frac{1}{2}(1-x)x<\frac{1}{8}$；若 $1-x$ 和 x 均大于等于0，则由均值不等式有 $\frac{1}{2}(1-x)x\le\frac{1}{8}$。但配方法可统一得到 $\frac{1}{2}(x-x^2)=\frac{1}{8}-\frac{1}{2}(x-\frac{1}{2})^2\le\frac{1}{8}$.

14　设 $a_i, x_i \in \mathbf{R}$，$i=1,2,\cdots,n$，$a=\max\{a_1,\cdots,a_n\}$，$b=\min\{a_1,\cdots,a_n\}$ 且

$$x_1+x_2+\cdots+x_n=0,\quad |x_1|+|x_2|+\cdots+|x_n|=1. \qquad ①$$

求证 $|a_1x_1+a_2x_2+\cdots+a_nx_n| \leqslant \frac{1}{2}(a-b)$.（《钱朱奥数》64页例12）

证1　不妨设 $a_1=a$，$a_n=b$. 于是由①中第1式有

$$a_1(x_1+x_2+\cdots+x_n)=0,\quad a_n(x_1+x_2+\cdots+x_n)=0.$$

所以

$$\begin{aligned}|a_1x_1+a_2x_2+\cdots+a_nx_n| &= \frac{1}{2}\big|2(a_1x_1+a_2x_2+\cdots+a_nx_n)\\ &\quad -a_1(x_1+x_2+\cdots+x_n)-a_n(x_1+x_2+\cdots+x_n)\big|\\ &=\frac{1}{2}\big|(2a_1-a_1-a_n)x_1+(2a_2-a_1-a_n)x_2+\cdots+(2a_n-a_1-a_n)x_n\big|\\ &\leqslant \frac{1}{2}\{|2a_1-a_1-a_n|\cdot|x_1|+|2a_2-a_1-a_n|\cdot|x_2|+\cdots+|2a_n-a_1-a_n|\cdot|x_n|\}.\end{aligned}$$

又因 $a_1 \geqslant a_i \geqslant a_n$，$i=1,2,\cdots,n$，故有

$$\begin{aligned}|2a_i-a_1-a_n| &= |(a_i-a_1)+(a_i-a_n)|\\ &\leqslant |a_i-a_1|+|a_i-a_n| = a_1-a_i+a_i-a_n=a_1-a_n.\end{aligned}$$

代入上式即得

$$\begin{aligned}|a_1x_1+a_2x_2+\cdots+a_nx_n| &\leqslant \frac{1}{2}(a_1-a_n)(|x_1|+|x_2|+\cdots+|x_n|)\\ &=\frac{1}{2}(a_1-a_n)=\frac{1}{2}(a-b).\end{aligned}$$

证2　由对称性之可设 $x_1 \leqslant x_2 \leqslant \cdots \leqslant x_m < 0 \leqslant x_{m+1} \leqslant x_{m+2} \leqslant \cdots \leqslant x_n$. 于是由①有

$$x_1+x_2+\cdots+x_m=-\frac{1}{2},\quad x_{m+1}+x_{m+2}+\cdots+x_n=\frac{1}{2}. \qquad ②$$

若 $a_1x_1+a_2x_2+\cdots+a_nx_n \geqslant 0$，则由②有

$$|a_1x_1+a_2x_2+\cdots+a_nx_n|=a_1x_1+a_2x_2+\cdots+a_nx_n$$
$$=(a_1x_1+a_2x_2+\cdots+a_mx_m)+(a_{m+1}x_{m+1}+a_{m+2}x_{m+2}+\cdots+a_nx_n)$$
$$\leq b(x_1+x_2+\cdots+x_m)+a(x_{m+1}+x_{m+2}+\cdots+x_n)$$
$$=\frac{1}{2}(a-b). \quad ③$$

若 $a_1x_1+a_2x_2+\cdots+a_nx_n<0$，则由②又有

$$|a_1x_1+a_2x_2+\cdots+a_nx_n|=-(a_1x_1+a_2x_2+\cdots+a_nx_n)$$
$$=[a_1(-x_1)+a_2(-x_2)+\cdots+a_m(-x_m)]-(a_{m+1}x_{m+1}+a_{m+2}x_{m+2}+\cdots+a_nx_n)$$
$$\leq a(-x_1-x_2-\cdots-x_m)-b(x_{m+1}+x_{m+2}+\cdots+x_n)$$
$$=\frac{1}{2}(a-b). \quad ④$$

由③和④即知所求证的不等式成立.

15. 设 a,b,c 都是正实数，求证

$$(a^5-a^2+3)(b^5-b^2+3)(c^5-c^2+3)\geq(a+b+c)^3. \quad ①$$

（2004年美国数学奥林匹克）

证 由不等式

$$(a^3-1)(a^2-1)\geq 0$$

从一个明显成立的不等式入手

可得

$$a^5-a^2+3\geq a^3+2. \quad ②$$

同理有

$$b^5-b^2+3\geq b^3+2,\quad c^5-c^2+3\geq c^3+2.$$

于是为证①，只须证明

$$(a^3+2)(b^3+2)(c^3+2)\geq(a+b+c)^3. \quad ③$$

代换的目的在于缩减式

令 $A^3=a^3+2$，$B^3=b^3+2$，$C^3=c^3+2$，于是有

变量代换

$$1=\frac{a^3}{A^3}+\frac{1}{A^3}+\frac{1}{A^3},\quad 1=\frac{b^3}{B^3}+\frac{1}{B^3}+\frac{1}{B^3},\quad 1=\frac{c^3}{C^3}+\frac{1}{C^3}+\frac{1}{C^3}.$$

$$3=\left(\frac{a^3}{A^3}+\frac{1}{B^3}+\frac{1}{C^3}\right)+\left(\frac{1}{A^3}+\frac{b^3}{B^3}+\frac{1}{C^3}\right)+\left(\frac{1}{A^3}+\frac{1}{B^3}+\frac{c^3}{C^3}\right)$$

均值不等式

$$\geq\frac{3a}{ABC}+\frac{3b}{ABC}+\frac{3c}{ABC}=\frac{3(a+b+c)}{ABC} \quad ④$$

$\therefore ABC\geq a+b+c$，$A^3B^3C^3\geq(a+b+c)^3$，即③成立.

由④和②知，①中等号成立当且仅当 $a=b=c=1$.

五 最值问题（二）

1. 设$a_i\in\{-1,1\}$，$i=1,2,\cdots,95$，M表示它们两两之积的和$a_1a_2+a_1a_3+\cdots+a_{94}a_{95}$，求M的最小正值.(1994联赛一试)

解1 设在$\{a_1,a_2,\cdots,a_{95}\}$中有m个+1，n个-1，于是

$$m+n=95. \quad ①$$

将①式乘以2再加上$a_1^2+a_2^2+\cdots+a_{95}^2=95$，得到

$$(m-n)^2=(a_1+a_2+\cdots+a_{95})^2=2M+95. \quad ②$$

在②式中，左端是一个完全平方数而右端$2M+95\geq97$. 又因大于96的数中的最小完全平方数是$10^2=100$. 但100为偶数而$2M+95$为奇数，故100不能满足要求. 再看$11^2=121$，这时$M=13$，满足题中的要求. 所以M的最小正值不小于13.

当$M=13$时，由②有

$$m-n=\pm11. \quad ③$$

由①和③解得$m=53$，$n=42$或者$m=42$，$n=53$. 由此可知，当

$$a_i=1,\ i=1,2,\cdots,53,\ a_j=-1,\ j=54,55,\cdots,95$$

时，由②知

$$M=[(53-42)^2-95]\times\frac{1}{2}=13.$$

所以，M的最小正值为13.

解2 设$\{a_1,a_2,\cdots,a_{95}\}$中有n个+1，于是-1的个数为$95-n$，从而$M=a_1a_2+a_1a_3+\cdots+a_{94}a_{95}$中+1的个数为$C_n^2+C_{95-n}^2$，-1的个数为$n(95-n)$. 所以

$$0<M=C_n^2+C_{95-n}^2-n(95-n)$$
$$=\frac{1}{2}n(n-1)+\frac{1}{2}(95-n)(94-n)-n(95-n)$$
$$=\frac{1}{2}n^2-\frac{1}{2}n+95\times47-\frac{1}{2}\times189n+\frac{1}{2}n^2-95n+n^2$$
$$=2n^2-190n+47\times95$$
$$=2\left(n-\frac{95}{2}\right)^2-\frac{95^2}{2}+47\times95=2\left(n-\frac{95}{2}\right)^2-\frac{95}{2}.$$
$$\left(n-\frac{95}{2}\right)^2>\frac{95}{4}.$$
$$n>\frac{95}{2}+\frac{\sqrt{95}}{2}\qquad n<\frac{95}{2}-\frac{\sqrt{95}}{2}.$$

因为 $9.8>\sqrt{95}>9.7$，所以

$$n>47.5+4.8=52.3,\ n<47.5-4.8=42.7.$$

故得 $n\geqslant53$ 或 $n\leqslant42$．M的最小正值为13．

解3　这是一道填空题．设 $\{a_1,a_2,\cdots,a_{95}\}$ 中有 m 个 $+1$，n 个 -1，$m+n=95$，于是

$$M=C_m^2+C_n^2-mn.$$

其中 $C_m^2+C_n^2$ 之值随 $|m-n|$ 递增，而 mn 之值随 $|m-n|$ 递减．

$$C_{47}^2+C_{48}^2-47\times48=\frac{1}{2}47\times46+\frac{1}{2}\times48\times47-47\times48=-47;$$
$$C_{45}^2+C_{50}^2-45\times50=\frac{1}{2}\times44\times45+\frac{1}{2}\times50\times49-45\times50$$
$$=25\times49-45\times28=5\times7(5\times7-9\times4)$$
$$=-35;$$
$$C_{43}^2+C_{52}^2-43\times52=21\times43+26\times51-43\times52$$
$$=26\times51-43\times31=1326-1333=-7.$$
$$C_{42}^2+C_{53}^2-42\times53=21\times41+26\times53-42\times53$$
$$=21\times41-16\times53=861-848=13.$$

2　设 $M=\{1,2,\cdots,1995\}$，$A\subset M$ 且当 $x\in A$ 时，$15x\notin A$．问 A 中最多有多少个元素？（1995年联赛一试12题）

解　因 $1995=133\times 15$，$8\times 15=120$，所以下列数对

$$\{k,15k\},\ k=9,10,\cdots,133$$

中每对至少有1个数不在 A 中．故 $|A|\leqslant 1870$．

另一方面，取

$$A_0=\{1,2,\cdots,8\}\cup\{134,135,\cdots,1995\}.$$

则 $|A|=1870$．当 $k\in\{1,2,\cdots,8\}$ 时必 $15k\leqslant 120$，$15k\notin A_0$；当 $15k\in\{134,135,\cdots,1995\}$ 时，$9\leqslant k\leqslant 133$，$k\notin A_0$，同时还有 $15^2k\geqslant 15\times 134\geqslant 2010$，故 $15^2k\notin A_0$．可见，A_0 满足题中要求．

所以，A 中最多有1870个元素．

3　设 $a=\lg z+\lg[x(yz)^{-1}+1]$，$b=\lg x^{-1}+\lg(xyz+1)$，$c=\lg y+\lg[(xyz)^{-1}+1]$．记 a,b,c 中的最大数为 M，求 M 的最小值．（1997年全国联赛一试二—6题）

解　因为 $\lg z$，$\lg x^{-1}$，$\lg y$ 都有意义，所以 $x>0$，$y>0$，$z>0$．从而 $xy^{-1}+z>0$，$yz+x^{-1}>0$，$(xz)^{-1}+y>0$．记这3个数中最大的一个为 A，于是有

$$A^2\geqslant(xy^{-1}+z)[(xz)^{-1}+y]=[(yz)^{-1}+yz]+(x+x^{-1})$$
$$\geqslant 4.$$

$\therefore A\geqslant 2$．

当 $x=y=z=1$ 时，$A=2$，所以 A 的最小值为2．

又因 $\lg x$ 在 $(0,+\infty)$ 上递增，所以 M 的最小值为 $\lg 2$．

4. 设 n 为正整数，M 为正数，对于满足条件 $a_1^2+a_{n+1}^2\leqslant M$ 的所有等差数列 $a_1,a_2,a_3,\cdots$，求 $S=a_{n+1}+a_{n+2}+\cdots+a_{2n+1}$ 的最大值. (1999年全国联赛一试五题)

解 设 $a_{n+1}=a$，公差为 d，于是

$$S=a_{n+1}+a_{n+2}+\cdots+a_{2n+1}=(n+1)a+\frac{1}{2}n(n+1)d,$$

$$\frac{S}{n+1}=a+\frac{1}{2}nd. \quad ①$$

由已知有

$$M\geqslant a_1^2+a_{n+1}^2=(a-nd)^2+a^2=2a^2-2and+n^2d^2 \quad ②$$

下面对②式左端的表达式用待定系数法来配方. 令

$$2a^2-2and+n^2d^2=\alpha\left(a+\frac{1}{2}nd\right)^2+\beta(a-\lambda nd)^2$$

$$=(\alpha+\beta)a^2+(\alpha-2\beta\lambda)and+\left(\frac{1}{4}\alpha+\beta\lambda^2\right)n^2d^2. \quad ③$$

对比系数，得到

$$\begin{cases}\alpha+\beta=2,\\ \alpha-2\beta\lambda=-2,\\ \frac{1}{4}\alpha+\beta\lambda^2=1.\end{cases} \quad 解得 \quad \begin{cases}\alpha=\frac{2}{5},\\ \beta=\frac{8}{5},\\ \lambda=\frac{3}{4}.\end{cases}$$

代入③式，得到

$$M\geqslant\frac{2}{5}\left(a+\frac{1}{2}nd\right)^2+\frac{8}{5}\left(a-\frac{3}{4}nd\right)^2$$

$$=\frac{2}{5}\left(a+\frac{1}{2}nd\right)^2+\frac{1}{10}(4a-3nd)^2\geqslant\frac{2}{5}\left(\frac{S}{n+1}\right)^2. \quad ④$$

$$\therefore S\leqslant\frac{\sqrt{10}}{2}(n+1)\sqrt{M}.$$

另一方面，为使上式等号成立，④式中应有等号成立，即有

$$\begin{cases}4a=3nd, & ⑤\\ \frac{2}{5}\left(a+\frac{1}{2}nd\right)^2=M. & ⑥\end{cases}$$

将⑤代入⑥，得到

$$\frac{2}{5}\left(a+\frac{2}{3}a\right)^2=M,\quad \frac{2}{5}\left(\frac{5}{3}a\right)^2=M,\quad a=\frac{3}{\sqrt{10}}\sqrt{M}.$$

再由⑤，可得

$$d=\frac{4}{3n}a=\frac{4}{\sqrt{10}n}\sqrt{M}.$$

即当 $a=\frac{3}{\sqrt{10}}\sqrt{M}$，$d=\frac{4}{\sqrt{10}n}\sqrt{M}$ 时，$S=\frac{\sqrt{10}}{2}(n+1)\sqrt{M}$.

综上可知，S 的最大值为 $\frac{\sqrt{10}}{2}(n+1)\sqrt{M}$.

5　设 $S_n=1+2+\cdots+n$，$n\in N$，求 $f(n)=\dfrac{S_n}{(n+32)S_{n+1}}$ 的最大值.　　（2000年全国联赛一试13题）

解　因为 $S_n=\frac{1}{2}n(n+1)$，所以

$$f(n)=\frac{\frac{1}{2}n(n+1)}{(n+32)\frac{1}{2}(n+1)(n+2)}=\frac{n}{(n+32)(n+2)}$$

$$=\frac{n}{n^2+34n+64}=\frac{1}{n+34+\frac{64}{n}}\leqslant\frac{1}{34+16}=\frac{1}{50},$$

且其中等号当且仅当 $n=8$ 时成立.

所以，$f(n)$ 的最大值为 $f(8)=\frac{1}{50}$.

（上接右页）

$$M\leqslant\left[\sum_{k=1}^{n}(\sqrt{k}-\sqrt{k-1})^2\right]^{\frac{1}{2}}\left(\sum_{k=1}^{n}a_k^2\right)^{\frac{1}{2}}=\left[\sum_{k=1}^{n}(\sqrt{k}-\sqrt{k-1})^2\right]^{\frac{1}{2}},$$

其中等号成立当且仅当

$$\frac{a_1^2}{1}=\frac{a_2^2}{(\sqrt{2}-1)^2}=\cdots=\frac{a_n^2}{(\sqrt{n}-\sqrt{n-1})^2}.$$

$$\Longleftrightarrow\quad\frac{a_1^2+a_2^2+\cdots+a_n^2}{1+(\sqrt{2}-1)^2+\cdots+(\sqrt{n}-\sqrt{n-1})^2}=\frac{a_k^2}{(\sqrt{k}-\sqrt{k-1})^2},\quad k=1,2,\cdots,n.$$

$$\Longleftrightarrow\quad a_k=\frac{\sqrt{k}-\sqrt{k-1}}{\left[\sum_{k=1}^{n}(\sqrt{k}-\sqrt{k-1})^2\right]^{\frac{1}{2}}},\quad k=1,2,\cdots,n.\qquad ②$$

由②式知，$a_1>a_2>\cdots>a_n$，所以

$$x_k=\sqrt{k}y_k=\sqrt{k}(a_k-a_{k+1})=\frac{2k-(\sqrt{k-1}+\sqrt{k+1})\sqrt{k}}{\left[\sum_{j=1}^{n}(\sqrt{j}-\sqrt{j-1})^2\right]^{\frac{1}{2}}}>0,$$

$k=1,2,\cdots,n$.

所以，所求的 $\sum x_i$ 的最大值为 $\left[\sum_{k=1}^{n}(\sqrt{k}-\sqrt{k-1})^2\right]^{\frac{1}{2}}$.

6 设 $x_i\geq 0$，$i=1,2,\cdots,n$，且 $\sum\limits_{i=1}^{n}x_i^2+2\sum\limits_{1\leq k<j\leq n}\sqrt{\frac{k}{j}}x_kx_j=1$，求 $\sum\limits_{i=1}^{n}x_i$ 的最大值和最小值. （2001年全国联赛二试二题）

解 先求最小值. 因为

$$\left(\sum_{i=1}^{n}x_i\right)^2=\sum_{i=1}^{n}x_i^2+2\sum_{1\leq k<j\leq n}x_kx_j\geq 1,\quad \therefore \sum_{i=1}^{n}x_i\geq 1,$$

且当 $x_1=1$，$x_2=x_3=\cdots=x_n=0$ 时有 $\sum\limits_{i=1}^{n}x_i=1$，所以 $\sum\limits_{i=1}^{n}x_i$ 的最小值为1.

再求最大值. 令 $x_k=\sqrt{k}y_k$，$k=1,2,\cdots,n$，于是题中已知条件化为

$$\sum_{k=1}^{n}ky_k^2+2\sum_{1\leq k<j\leq n}ky_ky_j=1. \qquad ①$$

记 $M=\sum\limits_{k=1}^{n}x_k=\sum\limits_{k=1}^{n}\sqrt{k}y_k$，再令

$$\begin{cases}y_1+y_2+y_3+\cdots+y_n=a_1,\\ y_2+y_3+\cdots+y_n=a_2,\\ y_3+\cdots+y_n=a_3\\ \vdots\\ y_{n-1}+y_n=a_{n-1}\\ y_n=a_n\end{cases}$$

由①可得 $a_1^2+a_2^2+\cdots+a_n^2=1$. 约定 $a_{n+1}=0$，于是

$$M=\sum_{k=1}^{n}\sqrt{k}y_k=\sum_{k=1}^{n}\sqrt{k}(a_k-a_{k+1})=\sum_{k=1}^{n}\sqrt{k}a_k-\sum_{k=1}^{n}\sqrt{k}a_{k+1}$$

$$=\sum_{k=1}^{n}\sqrt{k}a_k-\sum_{k=1}^{n}\sqrt{k-1}a_k=\sum_{k=1}^{n}(\sqrt{k}-\sqrt{k-1})a_k.$$

由柯西不等式有

（下接左页）

7. 对于正整数 a，n，$a=qn+r$，其中 q，r 都是非负整数且 $0\leqslant r<n$，定义函数 $F_n(a)=q+r$，求最大自然数 A，使得存在 n_1,n_2,n_3,n_4,n_5,n_6，对于所有正整数 $a\leqslant A$，均有 $F_{n_6}(F_{n_5}(F_{n_4}(F_{n_3}(F_{n_2}(F_{n_1}(a))))))=1$．证明你的结论．

（1998年全国联赛二试3题）

解　记"存在 $n_1,n_2,\cdots,n_k$，使对所有正整数 $a\leqslant A$，均有 $F_{n_k}(F_{n_{k-1}}(\cdots(F_{n_1}(a))\cdots))=1$"的最大自然数 A 为 A_k．

（1）按定义知 $F_2(1)=F_2(2)=1$，所以 $A_1\geqslant 2$．又因 $F_1(3)=3$，$F_2(3)=2$，而当 $n\geqslant 3$ 时，$F_n(2)=2$，所以 $A_1=2$．

$F_3(1)=1$，$F_3(2)=2$，$F_3(3)=1$，$F_3(4)=2$，于是有 $F_2(F_3(i))=1$，$i=1,2,3,4$．所以 $A_2\geqslant 4$．又因 $F_3(5)=3$，$F_2(5)=3$，且当 $n\geqslant 4$ 时，$F_n(3)=3$．所以 $A_2=4$．

（2）设 A_k 已求出，且 A_k 为偶数，于是 A_{k+1} 满足的必要条件是存在正整数 n，使得只要 $a\leqslant A_{k+1}$，就有 $F_n(a)\leqslant A_k$．这是因为由函数 $F_n(a)$ 定义知 $\{F_n(a)\mid a=1,2,\cdots,A_{k+1}\}$ 仍然是从 1 开始的一些连续自然数的集合的缘故．

记 $A_{k+1}=qn+r$，于是有 $F_n(A_{k+1})=q+r\leqslant A_k$．进一步可以证明 $F_n(A_{k+1})=q+r=A_k$．若不然，则 $F_n(A_{k+1})=q+r<A_k$．这时有

$$F_n(A_{k+1}+1)=\begin{cases}q+r+1\leqslant A_k, & 当 r\leqslant n-2,\\ q+1\leqslant A_k, & 当 r=n-1.\end{cases}$$

此与 A_{k+1} 的最大性矛盾．

(3) $F_n(A_{k+1})=q+r=A_k$，其中 $r=n-2$. 若 $r=n-1$，

则又有

$$F_n(A_{k+1}+1)=q+1<A_k,$$

与 A_{k+1} 的最大性矛盾. 于是 $0\le r\le n-3$，这时有 $(q-1)n+r+2<qn+r=A_{k+1}$. 由(2)有

$$F_n((q-1)n+r+2)=q-1+r+2=q+r+1\le A_k.$$

从而有

$$F_n(A_{k+1}+1)=F_n(qn+r+1)=q+r+1\le A_k.$$

又与 A_{k+1} 的最大性矛盾.

(4) 由(3)知

$$A_{k+1}=qn+r=qn+n-2=(q+1)n-2.$$

因为 $A_k=q+r=q+n-2$，A_k 为偶数，所以有

$$(q+1)+n=A_k+3=\left(\frac{A_k}{2}+1\right)+\left(\frac{A_k}{2}+2\right).$$

注意，上式右端是两个相继正整数之和，故有

$$A_{k+1}=(q+1)n-2\le\left(\frac{A_k}{2}+1\right)\left(\frac{A_k}{2}+2\right)-2=\frac{1}{4}(A_k^2+6A_k).$$

且当 $\{q+1,n\}=\left\{\frac{A_k}{2}+1,\frac{A_k}{2}+2\right\}$ 时，上式中等号成立. 从而有

$$A_{k+1}=\frac{1}{4}(A_k^2+6A_k)=\frac{1}{4}A_k(A_k+6),$$

此即 $\{A_k\}$ 的递推公式且因 A_k 为偶数，故 A_k 与 A_k+6 中恰有1个是4的倍数，从而 A_{k+1} 为偶数.

$$A_1=2,A_2=4,A_3=10,A_4=40,A_5=460,$$

$$A_6=\frac{1}{4}\times460\times466=115\times466=53590.$$

综上可知，所求的最大自然数 $A_6=53590$.

8. 求最小自然数n，使得在任意n个连续自然数中，都存在1个数，它的各位数字之和能被11整除.

解 注意，从某个个位数字为0的数a起的连续10个自然数的数字之和也是10个连续的自然数. 连续的11个自然数中恰有1个能被11整除. 故当a的十位数字不是9而个位数字为0时，从a起的连续20个自然数中，20个数字和恰有连续的11个自然数. 故只要在任何n个连续自然数中都确保有这样一段连续的20个自然数就行了. 由此可知，当n=39时，即可满足这一要求. 这时，前20个数中恰有两个数的个位数字为0，而这两个数中至少有1个的十位数字不是9. 可见，从这个数开始的20个连续自然数都在给定的39个自然数段中.

从估计入手

下面举例说明，存在着38个连续自然数，它们每个的各位数字之和都不能被11整除.

考察下列38个连续自然数的集合

{81, 82, 83, …, 89, 90, …, 100, 101, …, 110, …, 118}.

它们的各位数字之和依次为

9, 10, 11, …, 17, 9, 10, 11, …, 18, 1, 2, …, 10, 2, …, 10.

前19个数的不同数字和为{9, 10, 11, …, 18}，后19个数字和为{1, 2, …, 10}. 显然，后一半已满足题中要求而前一半尚不满足. 为此，我们增加自然数的位数，使得后一半数字和保持不动而前一半的10个数字和恰好模11均不为0. 易见，只要在它们前面都加上4个9就行了，即考察如下38个连续自然数：

前19个数中只有1个数个位为0，但又十位为9

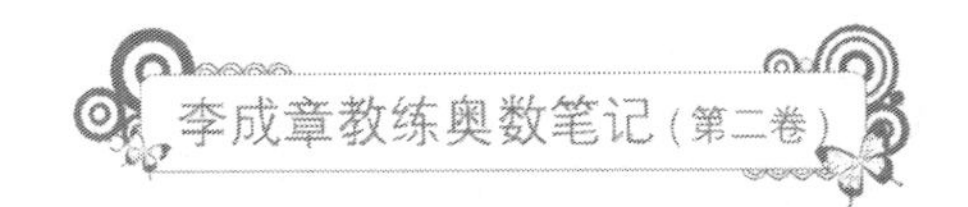

999981，999982，…，999999，1000000，…，1000018.

显然，它们的各位数字之和分别为

45，46，…，53，45，46，…，54，1，…，10，2，…，10，

全都不能被11整除.

综上可知，所求的最小自然数 $n=39$.

9　求最大自然数 n，使不等式 $\frac{8}{15}<\frac{n}{n+k}<\frac{7}{13}$ 对唯一的整数 k 成立．（1987年美国数学邀请赛）

解　将已知不等式进行等价变形：

$$\frac{8}{15}<\frac{n}{n+k}<\frac{7}{13},\quad \frac{15}{8}>\frac{n+k}{n}>\frac{13}{7},$$

$$\frac{6}{7}<\frac{k}{n}<\frac{7}{8},\quad 48n<56k<49n.$$

于是问题化归为求最大自然数 n，使得开区间 $(48n,49n)$ 中只有一个整数能被56整除．

由于区间 $(48n,49n)$ 的长度为 n，其中共有 $n-1$ 个连续整数．若 $n-1\geqslant 2\times 56=112$，则此区间中至少含有两个整数能被56整除．故必有

从估计入手

$$n-1<112,\quad n\leqslant 112.$$

另一方面，当 $n=112$ 时，有

$$48\times 112=96\times 56<97\times 56<98\times 56=49\times 112.$$

可见，$k=97$ 是满足已知不等式的唯一整数．

综上可知，满足题中要求的最大自然数 $n=112$．

10．一个有限项的等差数列公差为4，首项的平方与其余所有项之和不超过100，这样的数列最多有多少项？

（《中等数学》98-4-44）

解　设等差数列 $a_1, a_2, \cdots, a_n$ 共有 n 项，公差为4．于是有

$$a_1^2+a_2+a_3+\cdots+a_n\leqslant 100,$$

$$a_1^2+\frac{1}{2}(2a_1+4n)(n-1)\leqslant 100,$$

$$a_1^2+(a_1+2n)(n-1)\leqslant 100,$$

$$a_1^2+(n-1)a_1+2n(n-1)-100\leqslant 0. \quad ①$$

这是一个关于 a_1 的一元二次不等式且对 a_1 成立，故其判别式非负，即有

$$(n-1)^2-8n(n-1)+400\geqslant 0,$$

$$7n^2-6n-401\leqslant 0. \quad ②$$

解得

$$\frac{3-\sqrt{2816}}{7}\leqslant n\leqslant\frac{3+\sqrt{2816}}{7}.$$

从估计入手

不难算出

$$\sqrt{2816}=4\sqrt{176}=16\sqrt{11}<16\times 3.33=53.28,$$

所以有 $n\leqslant 8$，即这样的等差数列至多8项．

当 $n=8$ 时，由①有

$$a_1^2+7a_1+12\leqslant 0, \quad (a_1+3)(a_1+4)\leqslant 0.$$

解得 $-4\leqslant a_1\leqslant -3$．易见

$$-4,0,4,8,12,16,20,24 \text{ 和 } -3,1,5,9,13,17,21,25$$

都满足题中要求．

综上可知，这样的数列最多有8项．

11．求最小自然数 n，使对任何十进的 n 位自然数，都可以从中取出连续若干位数字，它们的乘积是完全平方数．（1991年日本）

解　设 n 位自然数 $A=\overline{a_1a_2\cdots a_n}$，其中 $a_i\in\{0,1,2,\cdots,9\}$，$i=1,2,\cdots,n$ 且 $a_1\neq 0$．

若 $\{a_1,a_2,\cdots,a_n\}$ 中含有 0，1，4，9 至少 1 个，则因它们本身就是完全平方数，当然满足题中要求．

以下设 $a_i\in\{2,3,5,6,7,8\}$，$i=1,2,\cdots,n$．于是任何一段连续数字之积都可以写成

$$2^p3^q5^r7^s,\ p,q,r,s \text{ 都是非负整数} \quad ①$$

的形式．显然，当且仅当 p,q,r,s 都是偶数时，积是完全平方数．

注意，有序四数组 (p,q,r,s) 的奇偶性恰有 16 种不同．因此，当 $n=16$ 时，考察下列 16 段数字之积：

$$a_1,\ a_1a_2,\ a_1a_2a_3,\ \cdots,\ a_1a_2\cdots a_{15},\ a_1a_2\cdots a_{15}a_{16}.$$

每段数字之积都是①中的表达的一个数，从而都对应一个有序四数组 (p_i,q_i,r_i,s_i)．如果 16 个有序四数组中的某组中 4 个数全是偶数，则该组所对应的一段数字满足题中要求．否则，这 16 个四数组全都属于另外的 15 种情形，即 4 个数不全是偶数的 15 种情形．由抽屉原理知其中必有两个四数组 (p_i,q_i,r_i,s_i) 与 (p_j,q_j,r_j,s_j) 的奇偶性相同，$i<j$．这两个四数组对应的数字段为

$$a_1a_2\cdots a_i,\quad a_1a_2\cdots a_i\cdots a_j.$$

于是数字段

$$a_{i+1}a_{i+2}\cdots a_j$$

的各位数字之积为完全平方数．这就证明了 $n=16$ 时结论成立．

考察如下的15位十进自然数：

$$B=232523272325232.$$

15位数字中只有一个7．因此任何包含7的数字段之积，都不可能是完全平方数．对于任何不包含7的数字段，或者全在前半段7个数字之中，或者全在后7位数字之中．由于对称，不妨设全在后7位之中．后7位数字中只有1个5，故任何包含5的数字段之积都不可能是完全平方数．而任何既不含7又不含5的数字段只能是232的一部分，当然更不能是积为完全平方数的数字段．所以，15位的自然数 B 不满足题中要求．

综上可知，所求的最小自然数 $n=16$．

12　设 $x_1, x_2, x_3 \geqslant 0$ 且 $x_1+x_2+x_3=1$，求

$$f(x_1, x_2, x_3)=x_1x_2^2x_3+x_1x_2x_3^2 \qquad ①$$

的最大值.

解1　分别应用均值不等式，可得

$$x_1x_2^2x_3=\frac{1}{4}(2x_1)\cdot x_2\cdot x_2\cdot(2x_3)\leqslant\frac{1}{4}\left(\frac{2(x_1+x_2+x_3)}{4}\right)^4=\frac{1}{64}; \qquad ②$$

$$x_1x_2x_3^2\leqslant\frac{1}{64}. \qquad ③$$

从而有

$$f(x_1, x_2, x_3)\leqslant\frac{1}{32}. \qquad ④$$

然而，不等式②于 $x_1=x_3=\frac{1}{2}x_2$ 时等号成立，不等式③于 $x_1=x_2=\frac{1}{2}x_3$ 时等号成立. 这表明②和③中的等号不能同时成立. 从而④式中的等号不能成立. 因此，要用带参数的均值不等式：

$$\begin{aligned}f(x_1, x_2, x_3)&=x_1x_2x_3(x_2+x_3)=\frac{1}{12}(3x_1)(2x_2)(2x_3)(x_2+x_3)\\&\leqslant\frac{1}{12}\left(\frac{3x_1+2x_2+2x_3+x_2+x_3}{4}\right)^4=\frac{1}{12}\cdot\frac{81}{256}=\frac{27}{1024}.\end{aligned}$$

当且仅当 $x_1=\frac{1}{4}$，$x_2=x_3=\frac{3}{8}$ 时上式中等号成立. 所以 $f(x_1, x_2, x_3)$ 的最大值为 $\frac{27}{1024}$.

※ 解2　注意到①式中 x_2 和 x_3 对称，改写①式为

$$f(x_1, x_2, x_3)=x_1x_2x_3(x_2+x_3).$$

当 x_1 固定时，x_2+x_3 也固定而 x_2x_3 于 $x_2=x_3$ 时最大，故有

$$\begin{aligned}f(x_1, x_2, x_3)&\leqslant x_1x_2^2(x_2+x_2)=2x_1x_2^3\\&=2(1-2x_2)x_2^3=2\left(\frac{3}{2}\right)^3(1-2x_2)\left(\frac{2}{3}x_2\right)^3\\&\leqslant\frac{27}{4}\left(\frac{1-2x_2+\frac{2}{3}x_2+\frac{2}{3}x_2+\frac{2}{3}x_2}{4}\right)^4=\frac{27}{1024},\end{aligned}$$

其中等号当且仅当 $1-2x_2=\frac{2}{3}x_2$ 时成立，即当且仅当 $x_2=x_3=\frac{3}{8}$，$x_1=\frac{1}{4}$ 时成立．所以，$f(x_1,x_2,x_3)$ 的最大值为 $\frac{27}{1024}$．

※ 解 3　因 $x_1+x_2+x_3=1$，故 $x_2+x_3=1-x_1$，于是有

$$f(x_1,x_2,x_3)=x_1x_2^2x_3+x_1x_2x_3^2=x_1x_2x_3(x_2+x_3)$$
$$=x_1x_2x_3(1-x_1)=x_1(1-x_1)x_2x_3 \quad ②$$

因 $x_2+x_3=1-x_1$，故由均值不等式有

$$x_2x_3\leqslant\left(\frac{x_2+x_3}{2}\right)^2=\frac{(1-x_1)^2}{4}.$$

代入②式且再运用均值不等式，得到

$$f(x_1,x_2,x_3)\leqslant x_1(1-x_1)\cdot\frac{1}{4}(1-x_1)^2=\frac{1}{4}(1-x_1)^3x_1$$
$$=\frac{1}{4}(1-x_1)^3\cdot\frac{1}{3}(3x_1)=\frac{1}{12}(1-x_1)^3(3x_1)$$
$$\leqslant\frac{1}{12}\left(\frac{1-x_1+1-x_1+1-x_1+3x_1}{4}\right)^3=\frac{27}{1024}.$$

其中等号当且仅当 $x_2=x_3$，$1-x_1=3x_1$ 时成立，即当且仅当 $x_1=\frac{1}{4}$，$x_2=x_3=\frac{3}{8}$ 时成立．

所以，$f(x_1,x_2,x_3)$ 的最大值为 $\frac{27}{1024}$．

13　实数 a,b,c 和正数 λ 使得 $f(x)=x^3+ax^2+bx+c$ 有3个实根 x_1,x_2,x_3，且满足

(1) $x_2-x_1=\lambda$；

(2) $x_3>\frac{1}{2}(x_1+x_2)$.

求表达式 $\frac{2a^3+27c-9ab}{\lambda^3}$ 的最大值．（2002年全国联赛二试二题）

解　因为 $f(x_3)=0$，所以

$$f(x)=f(x)-f(x_3)=(x-x_3)[x^2+(a+x_3)x+x_3^2+ax_3+b].$$

于是 x_1 和 x_2 是方程

$$x^2+(a+x_3)x+x_3^2+ax_3+b=0$$

的两个根．由(1)可得

$$(a+x_3)^2-4(x_3^2+ax_3+b)=(x_1-x_2)^2=\lambda^2.$$

$$3x_3^2+2ax_3+\lambda^2+4b-a^2=0.$$

由此解得

$$x_3=\frac{1}{6}\left(-2a\pm\sqrt{4a^2-12(\lambda^2+4b-a^2)}\right)$$
$$=\frac{1}{3}\left(-a\pm\sqrt{4a^2-12b-3\lambda^2}\right).\quad①$$

由韦达定理有 $x_1+x_2+x_3=-a$．再由(2)便有

$$x_3>\frac{1}{3}(x_1+x_2+x_3)=-\frac{a}{3},$$

所以有

$$x_3=\frac{1}{3}\left(-a+\sqrt{4a^2-12b-3\lambda^2}\right),\quad②$$

且有 $4a^2-12b-3\lambda^2\geqslant0$.　③

改写

$$f(x)=x^3+ax^2+bx+c=\left(x+\frac{a}{3}\right)^3-\left(\frac{a^2}{3}-b\right)\left(x+\frac{a}{3}\right)+\frac{2}{27}a^3+c-\frac{1}{3}ab,$$

于是由 $f(x_3)=0$ 可得

$$\frac{1}{3}ab-\frac{2}{27}a^3-c=\left(x_3+\frac{a}{3}\right)^3-\left(\frac{a^2}{3}-b\right)\left(x_3+\frac{a}{3}\right).\quad ④$$

由②得

$$x_3+\frac{a}{3}=\frac{1}{3}\sqrt{4a^2-12b-3\lambda^2}=\frac{2\sqrt{3}}{3}\sqrt{\frac{a^2}{3}-b-\frac{\lambda^2}{4}}.$$

令 $p=\frac{a^2}{3}-b$，由③和④可得 $p\geqslant\frac{\lambda^2}{4}$ 及

$$\frac{1}{3}ab-\frac{2}{27}a^3-c=\left(x_3+\frac{a}{3}\right)\left[\left(x_3+\frac{a}{3}\right)^2-p\right]$$

$$=\frac{2\sqrt{3}}{9}(p-\lambda^2)\sqrt{p-\frac{\lambda^2}{4}}.\quad ⑤$$

令 $y=\sqrt{p-\frac{\lambda^2}{4}}$，代入⑤，得到 $y\geqslant 0$ 且

$$\frac{1}{3}ab-\frac{2}{27}a^3-c=\frac{2\sqrt{3}}{9}y\left(y^2-\frac{3}{4}\lambda^2\right).\quad ⑥'$$

$$2a^3+27c-9ab=6\sqrt{3}\,y\left(\frac{\sqrt{3}}{2}\lambda+y\right)\left(\frac{\sqrt{3}}{2}\lambda-y\right).\quad ⑥$$

为求所论的最大值，即求⑥式左边与 λ^3 之比的最大值，我们使用带参数的均值不等式．

$$y\left(\frac{\sqrt{3}}{2}\lambda+y\right)\left(\frac{\sqrt{3}}{2}\lambda-y\right)=\frac{1}{\alpha(1+\alpha)}\,y\cdot\alpha\left(\frac{\sqrt{3}}{2}\lambda+y\right)\cdot(1+\alpha)\left(\frac{\sqrt{3}}{2}\lambda-y\right)$$

$$\leqslant\frac{1}{\alpha(1+\alpha)}\left(\frac{y+\alpha\left(\frac{\sqrt{3}}{2}\lambda+y\right)+(1+\alpha)\left(\frac{\sqrt{3}}{2}\lambda-y\right)}{3}\right)^3$$

$$=\frac{1}{27\alpha(1+\alpha)}\left(\frac{\sqrt{3}}{2}\lambda(1+2\alpha)\right)^3,\quad ⑦$$

其中等号成立当且仅当

$$y=\alpha\left(\frac{\sqrt{3}}{2}\lambda+y\right)=(1+\alpha)\left(\frac{\sqrt{3}}{2}\lambda-y\right).\quad ⑧$$

由⑧可得

$$\frac{\sqrt{3}}{2}\lambda\frac{\alpha}{1-\alpha}=y=\frac{\sqrt{3}}{2}\lambda\frac{1+\alpha}{2+\alpha},$$

$$2\alpha^2+2\alpha-1=0.$$

解得 $\alpha=\frac{\sqrt{3}-1}{2}$，于是 $1+\alpha=\frac{\sqrt{3}+1}{2}$，$1+2\alpha=\sqrt{3}$。代入⑦，并结合⑥，得到

$$\frac{2a^3+27c-9ab}{\lambda^3}\leqslant 6\sqrt{3}\cdot\frac{1}{27}\cdot\frac{1}{\frac{\sqrt{3}-1}{2}\cdot\frac{\sqrt{3}+1}{2}}\left(\frac{3}{2}\right)^3=\frac{3\sqrt{3}}{2}. \quad ⑨$$

另一方面，取 $a=2\sqrt{3}$，$b=2$，$c=0$，$\lambda=2$，则 $f(x)=x^3+2\sqrt{3}x^2+2x=x(x^2+2\sqrt{3}x+2)$ 的3个根为 $-\sqrt{3}-1$，$-\sqrt{3}+1$ 和0。容易验证这3个根满足题中要求的条件(1)和(2)且有

$$\frac{2a^3+27c-9ab}{\lambda^3}=\frac{1}{8}(48\sqrt{3}-36\sqrt{3})=\frac{3\sqrt{3}}{2}.$$

综上可知，所求的表达式的最大值为 $\frac{3\sqrt{3}}{2}$。

注　用导数法来求⑥式右端的最小值，则更为简单。令

$$g(y)=y^3-\frac{3}{4}\lambda^2y,\quad y\geqslant 0.$$

于是

$$g'(y)=3y^2-\frac{3}{4}\lambda^2=3\left(y^2-\frac{\lambda^2}{4}\right)=3\left(y+\frac{\lambda}{2}\right)\left(y-\frac{\lambda}{2}\right).$$

可见 $y=\frac{\lambda}{2}$ 是 $g(y)$ 在 $[0,+\infty)$ 上的唯一稳定点。又因

$$g(0)=0,\quad g\left(\frac{\lambda}{2}\right)=\frac{\lambda^3}{8}-\frac{3}{8}\lambda^3<0,\quad g(+\infty)=+\infty,$$

所以 $g(y)$ 在 $[0,+\infty)$ 上的最小值为 $-\frac{1}{4}\lambda^3$。由此即得⑨式。

·144　14. 已知 $x_1, x_2, \cdots, x_{1990}$ 是 $1, 2, \cdots, 1990$ 的一个排列，求表达式

$$||\cdots||x_1-x_2|-x_3|-\cdots|-x_{1990}| \quad ①$$

的最大值．（1990年全苏数学奥林匹克）

解　注意，对于任何非负整数 x, y, z，总有

$$|x-y| \leqslant \max\{x, y\},$$

从估计入手

$$\max\{\max\{x, y\}, z\} = \max\{x, y, z\},$$

便知对所有 $n=1, 2, \cdots, 1990$，均有

$$||\cdots||x_1-x_2|-x_3|-\cdots|-x_n| \leqslant \max\{x_1, x_2, \cdots, x_n\}.$$

由此可知①式的值不超过1990．但是，由于①式的值的奇偶性与和数

$$x_1+x_2+\cdots+x_{1990}=1+2+\cdots+1990=995\times1991$$

的奇偶性相同，故它不能等于1990．从而①式的最大值不超过1989．

另一方面，对于任何4个相继自然数 $n, n+1, n+2, n+3$，都有

$$|||n-(n+2)|-(n+3)|-(n+1)|=0,$$

周期性

故有

$$|\cdots|||2-4|-5|-3|\cdots|-(4k+2)|-(4k+4)|-(4k+5)|$$
$$-(4k+3)|\cdots|-1986|-1988|-1989|-1987|-1990|-1|=1989.$$

综上可知，表达式①的最大值为1989．

六 连续最值问题

1 设 $x\in\left[-\frac{5\pi}{12},-\frac{\pi}{3}\right]$，求函数 $y=\tan\left(x+\frac{2\pi}{3}\right)-\tan\left(x+\frac{\pi}{6}\right)+\cos\left(x+\frac{\pi}{6}\right)$ 的最大值．（2003年全国联赛一试4题）

解 当 $x\in\left[-\frac{5\pi}{12},-\frac{\pi}{3}\right]$ 时，$x+\frac{2\pi}{3}\in\left[\frac{\pi}{4},\frac{\pi}{3}\right]$，$x+\frac{\pi}{6}\in\left[-\frac{\pi}{4},-\frac{\pi}{6}\right]$，故知 $\tan\left(x+\frac{2\pi}{3}\right)$ 和 $\cos\left(x+\frac{\pi}{6}\right)$ 都是严格递增函数，而 $-\tan\left(x+\frac{\pi}{6}\right)$ 是严格递减函数．

由三角公式有

$$y=\tan\left(x+\frac{2\pi}{3}\right)-\tan\left(x+\frac{\pi}{6}\right)+\cos\left(x+\frac{\pi}{6}\right)$$
$$=\tan\left(x+\frac{2\pi}{3}\right)+\cot\left(x+\frac{2\pi}{3}\right)+\cos\left(x+\frac{\pi}{6}\right).$$

注意，上式右端前两项互为倒数且 $\tan\left(x+\frac{2\pi}{3}\right)$ 在 $x+\frac{2\pi}{3}\in\left[\frac{\pi}{4},\frac{\pi}{3}\right]$ 上从1开始严格递增，故前两项之和为严格递增函数，从而函数 y 在 $x\in\left[-\frac{5\pi}{12},-\frac{\pi}{3}\right]$ 上严格递增，从而有

$$\max\left\{y\,\middle|\,x\in\left[-\frac{5\pi}{12},-\frac{\pi}{3}\right]\right\}=y\Big|_{x=-\frac{\pi}{3}}$$
$$=\frac{2}{\sin\left(-\frac{2\pi}{3}+\frac{4\pi}{3}\right)}+\cos\left(-\frac{\pi}{3}+\frac{\pi}{6}\right)=\frac{2}{\sin\frac{2\pi}{3}}+\cos\frac{\pi}{6}$$
$$=\frac{4}{\sqrt{3}}+\frac{\sqrt{3}}{2}=\frac{11}{6}\sqrt{3},$$

即函数 y 的最大值为 $\frac{11}{6}\sqrt{3}$．

※解2 按求导数的公式有

$$y'=\sec^2\left(x+\frac{2\pi}{3}\right)-\sec^2\left(x+\frac{\pi}{6}\right)-\sin\left(x+\frac{\pi}{6}\right).$$

当 $x\in\left[-\frac{5\pi}{12},-\frac{\pi}{3}\right]$ 时，$x+\frac{2\pi}{3}\in\left[\frac{\pi}{4},\frac{\pi}{3}\right]$，$x+\frac{\pi}{6}\in\left[-\frac{\pi}{4},-\frac{\pi}{6}\right]$，$-x-\frac{\pi}{6}\in\left[\frac{\pi}{6},\frac{\pi}{4}\right]$，所以有

$$\frac{\pi}{6}\leqslant -x-\frac{\pi}{6}\leqslant\frac{\pi}{4}\leqslant x+\frac{2\pi}{3}\leqslant\frac{\pi}{3}.$$

由 $\sec x$ 在第1象限上是严格递增的，故有

$$\sec^2\left(x+\frac{2\pi}{3}\right)-\sec^2\left(x+\frac{\pi}{6}\right)$$

$$=\sec^2\left(x+\frac{2\pi}{3}\right)-\sec^2\left(-x-\frac{\pi}{6}\right)\geqslant 0.$$

又因 $-\sin\left(x+\frac{\pi}{6}\right)>0$，所以 $y'>0$，即函数 y 在 $\left[-\frac{5\pi}{12},-\frac{\pi}{3}\right]$ 上严格递增，从而有

$$y_{max}=y\big|_{x=-\frac{\pi}{3}}=\frac{11}{6}\sqrt{3}.$$

评注 利用导数的正负性来判定函数的增减性是非常方便的，比视察法或按函数定义和性质来判定要简捷。

2 设 $x \geqslant y \geqslant z \geqslant \frac{\pi}{12}$，且 $x+y+z=\frac{\pi}{2}$，求乘积 $\cos x \cdot \sin y \cdot \cos z$ 的最大值和最小值.（1997年全国联赛一试三题）

解 由积化和差公式并注意 $y \geqslant z$，$x+y+z=\frac{\pi}{2}$，有

$$\begin{aligned}\cos x \cdot \sin y \cdot \cos z &= \frac{1}{2}\cos x[\sin(y+z)+\sin(y-z)]\\ &\geqslant \frac{1}{2}\cos x\sin(y+z)=\frac{1}{2}\cos^2 x\\ &\geqslant \frac{1}{2}\cos^2\frac{\pi}{3}=\frac{1}{8},\end{aligned}$$

且当 $x=\frac{\pi}{3}$，$y=z=\frac{\pi}{12}$ 时，上式中等号成立. 所以，所求的最小值为 $\frac{1}{8}$.

另一方面，又有

$$\begin{aligned}\cos x \cdot \sin y \cdot \cos z &= \frac{1}{2}\cos z[\sin(x+y)-\sin(x-y)]\\ &\leqslant \frac{1}{2}\cos z \cdot \sin(x+y)=\frac{1}{2}\cos^2 z\\ &\leqslant \frac{1}{2}\cos^2\frac{\pi}{12}=\frac{1}{4}\left(1+\cos\frac{\pi}{6}\right)=\frac{2+\sqrt{3}}{8},\end{aligned}$$

且当 $x=y=\frac{5\pi}{24}$，$z=\frac{\pi}{12}$ 时等号成立. 所以，所求的最大值为 $\frac{2+\sqrt{3}}{8}$.

·145　3　设函数 $f(x)=-\frac{1}{2}x^2+\frac{13}{2}$ 在区间 $[a,b]$ 上的最小值为 $2a$，最大值为 $2b$，求 $[a,b]$．　　（2000年全国联赛一试14题）

解　注意，$f(x)$ 作为 $(-\infty,+\infty)$ 上的函数在 $x=0$ 时取得最大值，在 $(-\infty,0]$ 上严格递增而在 $[0,+\infty)$ 上严格递减，故对此题应分情况加以讨论．

(1) 设 $0\leq a<b$，于是应有 $f(a)=2b$，$f(b)=2a$，即有

$$\begin{cases}2b=-\frac{1}{2}a^2+\frac{13}{2}, & ①\\ 2a=-\frac{1}{2}b^2+\frac{13}{2}. & ②\end{cases}$$

①－②，得到

$$2(b-a)=\frac{1}{2}(b^2-a^2),\quad a+b=4. \qquad ③$$

将③代入①

$$8-2a=-\frac{1}{2}a^2+\frac{13}{2},\quad a^2-4a+3=0.$$

解得 $a_1=1$，$a_2=3$．再由③得到 $b_1=3$，$b_2=1$．由假设 $a<b$ 知 $a_2=3$，$b_2=1$ 不满足要求，故得 $[a,b]=[1,3]$．

(2) 设 $a<0<b$，于是 $f(x)$ 在 $x=0$ 取得最大值，从而有

$$2b=f(0)=\frac{13}{2},\quad b=\frac{13}{4}.$$

由此可得

$$f(b)=-\frac{1}{2}\left(\frac{13}{4}\right)^2+\frac{13}{2}=-\frac{169}{32}+\frac{13}{2}=\frac{39}{32}>0,$$

不能等于负值的 $2a$，故 $f(x)$ 必在 $x=a$ 处取最小值 $2a$，即有

$$2a=-\frac{1}{2}a^2+\frac{13}{2},\quad a^2+4a-13=0.$$

解得 $a=-2\pm\sqrt{17}$．正值舍去．得到 $[a,b]=\left[-2-\sqrt{17},\frac{13}{4}\right]$．

(3) 设 $a<b\leq 0$，于是 $f(x)$ 在 $[a,b]$ 上严格递增，故有

$f(a)=2a$，$f(b)=2b$，即有

$$2a=-\frac{1}{2}a^2+\frac{13}{2}，\quad 2b=-\frac{1}{2}b^2+\frac{13}{2}，$$

$$a^2+4a-13=0，\quad b^2+4b-13=0.$$

这表明 a 和 b 是一元二次方程

$$x^2+4x-13=0 \qquad ④$$

的两个根．前面已经看到，方程④的两个根为 $x=-2\pm\sqrt{17}$，一正一负，与 $a<b\leq 0$ 矛盾，故这时无解．

综上可知，所求的区间 $[a,b]$ 为 $[1,3]$ 或 $\left[-2-\sqrt{17},\frac{13}{4}\right]$．

注　由韦达定理即知方程④的两根异号，从而与假设矛盾，所以不必解④得出两根．

307

4 设 $x、y、z$ 均为实数，满足

$$x+y+z=5,\quad xy+yz+zx=3.$$

求 z 的最大值．（1978年加拿大数学奥林匹克，《代》6·94）

解 由 $x+y+z=5$ 可得

$$x+y=5-z,\quad (x+y)^2=(5-z)^2. \qquad ①$$

又由 $xy+yz+zx=3$ 得到

$$xy=3-z(x+y)=3-z(5-z)=z^2-5z+3. \qquad ②$$

由①和②有

$$0\leqslant(x-y)^2=(x+y)^2-4xy=(5-z)^2-4(z^2-5z+3)$$
$$=-3z^2+10z+13=(13-3z)(1+z).$$

由此解得

$$-1\leqslant z\leqslant\frac{13}{3}.$$

利用①和②容易算出，当 $x=y=\frac{1}{3}$ 时，$z=\frac{13}{3}$．所以，满足要求的 z 的最大值为 $\frac{13}{3}$．显然，当 $x=y=3$ 时，$z=-1$，所以 z 的最小值为 -1．

解2 由已知条件有

$$25=(x+y+z)^2=x^2+y^2+z^2+2(xy+yz+zx)$$
$$=x^2+y^2+z^2+6,\qquad x^2+y^2+z^2=19.$$

由柯西不等式有

$$(5-z)^2=(x+y)^2\leqslant2(x^2+y^2)=2(19-z^2).$$
$$25-10z+z^2\leqslant38-2z^2,\qquad -3z^2+10z+13\geqslant0.$$

注 《国王大全》98页例13.5比类似．

数形转换

5 已知 $\log_4(x+2y)+\log_4(x-2y)=1$，求 $|x|-|y|$ 的最小值.　　（2002年全国联赛一试11题）

解　由已知条件知有

$$x+2y>0,\ x-2y>0,\ (x+2y)(x-2y)=4.$$

这又意味着　　**数形结合**

$$x>2|y|\geqslant 0,\quad x^2-4y^2=4 \qquad ①$$

由双曲线及绝对值的对称性知，只须考虑 $y\geqslant 0$ 的情形. 又因 $x>0$，故只须求满足条件①的 (x,y) 的表达式 $x-y$ 的最小值.

注意，①中第2式的方程为双曲线，而 $x-y=a$ 当 a 取不同值时表示一族平行直线. 求 $x-y$ 的最小值，即在平行线族中求一条与双曲线右支相切的直线.

设 (x_0,y_0) 为双曲线右支上一点，于是过 (x_0,y_0) 的切线方程为

$$x_0x-4y_0y=4. \qquad ②$$

因这族平行线斜率均为1，故应有 $x_0=4y_0$. 代入①中后一式，

$$12y_0^2=16y_0^2-4y_0^2=x_0^2-4y_0^2=4.$$

解得 $y_0=\frac{\sqrt{3}}{3}$. 从而得 $x_0=\frac{4\sqrt{3}}{3}$. 所以 $x_0-y_0=\sqrt{3}$. 即 $x-y$ 的最小值为 $\sqrt{3}$.

注　原答案如下：令 $x-y=u$，代入 $x^2-4y^2=4$，得到

$$0=x^2-4y^2-4=(x-y)^2+2xy-5y^2-4$$
$$=(x-y)^2+2(x-y)y-3y^2-4$$

$= u^2+2yu-3y^2-4 \Rightarrow$ 从变换入手

$3y^2-2uy+(4-u^2)=0$.

将其中 u 视为常数，这是一个以 y 为变量的一元二次方程. 双曲线上有 y 使方程成立，即方程有解，故有

$0 \le \Delta = 4u^2-12(4-u^2)=16(u^2-3)$.

解得 $u \ge \sqrt{3}$.

当 $x=\frac{4}{3}\sqrt{3}$，$y=\frac{\sqrt{3}}{3}$ 时，$x^2-4y^2=4$ 且 $u=\sqrt{3}$. 所以 $|x|-|y|$ 的最小值为 $\sqrt{3}$.

若改求 $3x-2y$ 的最小值，则由②应有

$\frac{x_0}{4y_0}=\frac{3}{2}$，$x_0=6y_0$.

$32y_0^2=36y_0^2-4y_0^2=x_0^2-4y_0^2=4$，$8y_0^2=1$，$y_0=\frac{\sqrt{2}}{4}$.

$x_0=6y_0=\frac{3\sqrt{2}}{2}$

$\therefore\ a=3x_0-2y_0=\frac{9\sqrt{2}}{2}-\frac{\sqrt{2}}{2}=4\sqrt{2}$.

所以，$3x-2y$ 的最小值为 $4\sqrt{2}$.

6. 设二次函数 $f(x)=ax^2+bx+c$ $(a,b,c\in R,a\neq 0)$ 满足下列条件：

(i) $x\in R$时，$f(x-4)=f(2-x)$，$f(x)\geqslant x$；

(ii) 当 $x\in(0,2)$时，$f(x)\leqslant\left(\frac{x+1}{2}\right)^2$；

(iii) $f(x)$在R上的最小值为0.

求最大的 m $(m>1)$，使得存在 $t\in R$，只要 $x\in[1,m]$，就有 $f(x+t)\leqslant x$.　　（2002年全国联赛一试15题）

解　(1) 先由条件(i)～(iii)求出$f(x)$的具体表达式.

由(i)有

$$f(x-4)=f(2-x),$$

$$f((x-3)-1)=f((3-x)-1).$$

令 $t=x-3$，代入上式得到

$$f(t-1)=f(-t-1).$$

这表明函数f的图象关于直线 $x=-1$ 对称。又因$f(x)$作为二次函数关于直线 $x=-\frac{b}{2a}$ 对称且对称轴是唯一的，故有

$$-\frac{b}{2a}=-1,\quad b=2a. \qquad ①$$

由二次函数的性质及①知 $f(-1)$ 为 $f(x)$ 的最小值，由(iii)知

$$0=f(-1)=a-b+c. \qquad ②$$

再由(i)和(ii)分别可得 $f(1)\geqslant 1$ 和 $f(1)\leqslant 1$，从而 $f(1)=1$，即有

$$1=f(1)=a+b+c. \qquad ③$$

将①—③联立，解得 $a=c=\frac{1}{4}$，$b=\frac{1}{2}$，于是得到$f(x)$的表达式为

$$f(x)=\frac{1}{4}x^2+\frac{1}{2}x+\frac{1}{4}=\frac{1}{4}(x+1)^2.$$

(2) 求 t 的取值范围.

$$f(t+1)\leqslant 1,$$

$$(t+2)^2\leqslant 4,\quad -2\leqslant t+2\leqslant 2,$$

得到 $-4\leqslant t\leqslant 0$.

(3) 最后求 m 的最大值.

对于固定的 $t\in[-4,0]$，取 $x=m\ (m>1)$，应有

$$f(m+t)\leqslant m,\qquad (m+t+1)^2\leqslant 4m.$$

$$m^2+2(t+1)m+(t+1)^2-4m\leqslant 0,$$

$$m^2+2(t-1)m+(t-1)^2+4t\leqslant 0,$$

$$(m+t-1)^2\leqslant -4t.$$

$$-\sqrt{-4t}\leqslant m+t-1\leqslant\sqrt{-4t}$$

$$1-t-\sqrt{-4t}\leqslant m\leqslant 1-t+\sqrt{-4t}\leqslant 9.\qquad ④$$

当 $t=-4$ 时，对任何 $x\in[1,9]$，都有

$$f(x-4)-x=\frac{1}{4}(x-3)^2-x=\frac{1}{4}(x^2-10x+9)$$

$$=\frac{1}{4}(x-1)(x-9)\leqslant 0.$$

$$\therefore f(x-4)\leqslant x,\qquad ⑤$$

由④和⑤可知，所求的 m 的最大值为 9.

7　x 的二次方程 $x^2+z_1x+z_2+m=0$ 中，z_1,z_2,m 均是复数，且 $z_1^2-4z_2=16+20i$．设这个方程的两个根 α,β 满足 $|\alpha-\beta|=2\sqrt{7}$，求 $|m|$ 的最大值和最小值．

（1994年全国联赛二试一题）

解　由韦达定理知

$$\begin{cases}\alpha+\beta=-z_1,\\ \alpha\beta=z_2+m.\end{cases}$$

由此及已知 $|\alpha-\beta|=2\sqrt{7}$ 可得

$$\begin{aligned}28&=|\alpha-\beta|^2=|(\alpha-\beta)^2|=|(\alpha+\beta)^2-4\alpha\beta|\\&=|z_1^2-4(z_2+m)|=|z_1^2-4z_2-4m|=|4m-(16+20i)|\end{aligned}$$

$$|m-(4+5i)|=7,$$

这表明复数 m 位于以 $4+5i$ 为心，7 为半径的圆周上．记这个圆的圆心为 $A=4+5i$．$|OA|=\sqrt{4^2+5^2}=\sqrt{41}<7$，所以原点 O 在⊙A 内．连结 OA 并延长交⊙O 于两点 B 和 C（如图），于是

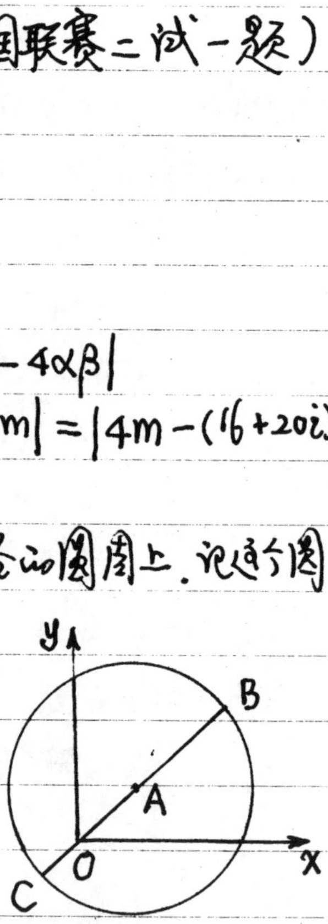

$$|OB|=|OA|+|AB|=7+\sqrt{41},$$

$$|OC|=|AC|-|AO|=7-\sqrt{41}.$$

所以，m 的最大值与最小值分别为 $7+\sqrt{41}$ 和 $7-\sqrt{41}$．

8　给定曲线族

$$2(2\sin\theta-\cos\theta+3)x^2-(8\sin\theta+\cos\theta+1)y=0,$$

其中θ为参数．求该曲线族在直线$y=2x$上所截得的弦长的最大值．　　　　（1995年全国联赛二试一题）

解　易见，该曲线族中每条曲线都过原点，而直线$y=2x$也过原点．故曲线在直线$y=2x$上截得的弦长仅取决于曲线与$y=2x$的另一个交点．将$y=2x$代入曲线方程，有

$$(2\sin\theta-\cos\theta+3)x^2-(8\sin\theta+\cos\theta+1)x=0$$

$$(2\sin\theta-\cos\theta+3)x-(8\sin\theta+\cos\theta+1)=0.$$

因为$\sin\theta\geq-1$，$\cos\theta\leq1$且二式中等号不能同时成立，故知$2\sin\theta-\cos\theta+3>0$．故得

$$x=\frac{8\sin\theta+\cos\theta+1}{2\sin\theta-\cos\theta+3}. \quad ①$$

令$u=\tan\frac{\theta}{2}$，于是$\sin\theta=\frac{2u}{1+u^2}$，$\cos\theta=\frac{1-u^2}{1+u^2}$．代入①式得到

$$x=\frac{8u+1}{2u^2+2u+1}. \quad ②$$

将②式写成u的一元二次方程，有

$$2xu^2+2(x-4)u+(x-1)=0. \quad ③$$

由于$x\neq0$，$u\in R$，故有

$$0\leq\Delta=4(x-4)^2-8x(x-1)=4(-x^2-6x+16).$$

$$0\geq x^2+6x-16=(x+8)(x-2).$$

解得　$-8\leq x\leq2$，$x\neq0$．所以$|x|_{max}=8$．再由$y=2x$得到$|y|_{max}=16$．所以，所求的弦长的最大值为$\sqrt{8^2+16^2}=8\sqrt{5}$．

注1 接②式，还可用均值不等式来求 x 的最大值和最小值如下：

$$2u^2+2u+1=\frac{1}{32}(8u+1)^2+\frac{3}{16}(8u+1)+\frac{25}{32}.$$

因 $x\neq0$，设以 $8u+1\neq0$．

$$x=\frac{8u+1}{2u^2+2u+1}=\frac{32(8u+1)}{(8u+1)^2+6(8u+1)+25}$$

这个函数图象大致如何？

$$=\frac{32}{(8u+1)+6+25(8u+1)^{-1}}$$

$$\begin{cases}\leqslant\dfrac{32}{6+2\times5}=2, & 当\ 8u+1>0;\\ \geqslant\dfrac{32}{6-2\times5}=-8, & 当\ 8u+1<0.\end{cases}$$

可见 $|x|_{max}=8$ 且当 $u=-\frac{3}{4}$ 时取得．

注2 还可对②式求导来求极值．

$$x'(u)=\frac{8(2u^2+2u+1)-(8u+1)(4u+2)}{(2u^2+2u+1)^2}=\frac{-2(8u^2+2u-3)}{(2u^2+2u+1)^2}.$$

$$8u^2+2u-3=0,\quad u=\frac{-2\pm\sqrt{4+96}}{16}=\begin{cases}\frac{1}{2}\\ -\frac{3}{4}\end{cases}$$

即 $x'(-\frac{3}{4})=x'(\frac{1}{2})=0$，由二次函数的增减性知 $x(u)$ 于 $u=-\frac{3}{4}$ 取最小值，而于 $u=\frac{1}{2}$ 时取最大值．

$$x(-\tfrac{3}{4})=-8,\quad x(\tfrac{1}{2})=2.\quad |x|_{max}=8.$$

注3 还可以直接对①式求导来求最大和最小值．

$$x(\theta)=\frac{8\sin\theta+\cos\theta+1}{2\sin\theta-\cos\theta+3}.$$

$$x'(\theta)=\frac{(8\cos\theta-\sin\theta)(2\sin\theta-\cos\theta+3)-(8\sin\theta+\cos\theta+1)(2\cos\theta+\sin\theta)}{(2\sin\theta-\cos\theta+3)^2}$$

$$=\frac{2(11\cos\theta-2\sin\theta-5)}{(2\sin\theta-\cos\theta+3)^2}.$$

$11\cos\theta=2\sin\theta+5$. $121\cos^2\theta=4\sin^2\theta+20\sin\theta+25$

$125\sin^2\theta+20\sin\theta-96=0$

$$\sin\theta=\frac{-20\pm\sqrt{48400}}{250}=\begin{cases}-\frac{24}{25},\\ \frac{4}{5}.\end{cases}\quad \cos\theta=\begin{cases}\frac{7}{25}\\ \frac{3}{5}.\end{cases}$$

$\theta_1=-\arcsin\frac{24}{25}$, $\theta_2=\arcsin\frac{4}{5}$.

令 $g(\theta)=11\cos\theta-2\sin\theta-5$，于是 $g'(\theta)=-11\sin\theta-2\cos\theta$.

$g'(\theta_1)>0$，$g'(\theta_2)<0$. 从而知 $x(\theta_1)$ 取最小值而 $x(\theta_2)$ 为最大值.

$$x(\theta_1)=\frac{-\frac{192}{25}+\frac{7}{25}+1}{-\frac{48}{25}-\frac{7}{25}+3}=\frac{-160}{20}=-8,$$

$$x(\theta_2)=\frac{\frac{32}{5}+\frac{3}{5}+1}{\frac{8}{5}-\frac{3}{5}+3}=\frac{8}{4}=2.$$

$\therefore |x|_{max}=8$.

9　实数 x，y 满足 $4x^2-5xy+4y^2=5$，设 $S=x^2+y^2$，且 S 的最大值和最小值分别为 S_1 和 S_2，求 $S_1^{-1}+S_2^{-1}$ 之值。

（1993年全国联赛一试二—2题）

解1　因为 $x=y=0$ 不满足条件，故有 $S>0$。令

$$x=\sqrt{S}\cos\theta,\quad y=\sqrt{S}\sin\theta,$$

于是有

$$5=4x^2-5xy+4y^2=S(4\cos^2\theta-5\cos\theta\sin\theta+4\sin^2\theta)$$
$$=S\left(4-\frac{5}{2}\sin 2\theta\right),$$

$$\sin 2\theta=\frac{8S-10}{5S}.\qquad \left|\frac{8S-10}{5S}\right|\leqslant 1,$$

$$-5S\leqslant 8S-10\leqslant 5S,\qquad \frac{10}{13}\leqslant S\leqslant\frac{10}{3},$$

其中等号当 $\theta=\frac{3\pi}{4}$ 与 $\theta=\frac{\pi}{4}$ 时分别成立，所以 $S_1=\frac{10}{3}$，$S_2=\frac{10}{13}$。于是 $S_1^{-1}+S_2^{-1}=\frac{3}{10}+\frac{13}{10}=\frac{8}{5}$。

解2　将已知条件改写成

$$4x^2-5xy+4y^2=5=5\,\frac{x^2+y^2}{S},$$

由已知，x，y 不同时为0，由对称性知可设 $y\neq 0$，于是上式可化成

$$(4S-5)\left(\frac{x}{y}\right)^2-5S\frac{x}{y}+(4S-5)=0.$$

这是以 $\frac{x}{y}$ 为未知数的一元二次方程，且 $\frac{x}{y}$ 为它的解，故有

$$0\leqslant\Delta=(5S)^2-4(4S-5)^2=(10-3S)(13S-10).$$

解得 $\frac{10}{13}\leqslant S\leqslant\frac{10}{3}$。

※ 解3　由均值不等式有

$$|xy| \leq \frac{|x|^2+|y|^2}{2} = \frac{1}{2}S.$$

$$-\frac{1}{2}S \leq xy \leq \frac{1}{2}S.$$

$$\therefore \frac{3}{2}S \leq 4x^2-5xy+4y^2 \leq 4S+\frac{5}{2}S = \frac{13}{2}S$$

$$\therefore \frac{3}{2}S \leq 5 \leq \frac{13}{2}S. \quad \frac{10}{13} \leq S \leq \frac{10}{3}. \quad S_1 = \frac{10}{3}, S_2 = \frac{10}{13}.$$

16 设 $x, y \in R$，$x^2+2xy-y^2=7$，求 x^2+y^2 的最小值。

（1997年上海市竞赛一试16题）

解 由待定系数法有

$$7 = x^2+2xy-y^2 = x^2+2(\lambda x)\left(\frac{y}{\lambda}\right)-y^2$$

$$\leq x^2+\lambda^2x^2+\frac{y^2}{\lambda^2}-y^2 = (1+\lambda^2)x^2+\left(\frac{1}{\lambda^2}-1\right)y^2. \quad ①$$

恰当选取 λ，使得

$$(1+\lambda^2) = \left(\frac{1}{\lambda^2}-1\right). \quad 1+\lambda^2-\frac{1}{\lambda^2}+1=0$$

$$\lambda^4+2\lambda^2-1=0.$$

解得

$$\lambda^2 = \frac{-2\pm\sqrt{4+4}}{2} = -1\pm\sqrt{2}.$$

这表明，当 $\lambda^2=\sqrt{2}-1$ 时，即当 $\lambda=\sqrt{\sqrt{2}-1}$ 时，~~①式中等号成立~~。

~~这时~~，由①有

$$7 \leq (1+\lambda^2)x^2+\left(\frac{1}{\lambda^2}-1\right)y^2 = \sqrt{2}(x^2+y^2) \quad ②$$

所以有

$$x^2+y^2 \geq \frac{7}{\sqrt{2}} = \frac{7\sqrt{2}}{2},$$

且当 $\lambda=\sqrt{\sqrt{2}-1}$（及 $\lambda^2x=y$）时等号成立。所以 x^2+y^2 的最小值为 $\frac{7\sqrt{2}}{2}$。

（2005.9.8）

参看《数生精》14题

10 设 $0<\theta<\pi$，求 $\sin\frac{\theta}{2}(1+\cos\theta)$ 的最大值.

（1994年全国联赛一试二—4题）

解 由三角公式和均值不等式有

$$\sin\frac{\theta}{2}(1+\cos\theta)=2\sin\frac{\theta}{2}\cos^2\frac{\theta}{2}=\sqrt{2}\left(2\sin^2\frac{\theta}{2}\cos^4\frac{\theta}{2}\right)^{\frac{1}{2}}$$

$$\leqslant\sqrt{2}\left(\frac{2\sin^2\frac{\theta}{2}+\cos^2\frac{\theta}{2}+\cos^2\frac{\theta}{2}}{3}\right)^{3/2}$$

$$=\sqrt{2}\left(\frac{2}{3}\right)^{3/2}=\frac{2}{3}\sqrt{2}\cdot\sqrt{\frac{2}{3}}=\frac{4\sqrt{3}}{9},$$

其中等号当且仅当 $2\sin^2\frac{\theta}{2}=\cos^2\frac{\theta}{2}$，即 $\theta=2\arctan\frac{\sqrt{2}}{2}$ 时成立.

所以，所求的最大值为 $\frac{4\sqrt{3}}{9}$.

11 设 a，b 为实数，使得方程 $x^4+ax^3+bx^2+ax+1=0$ 至少有1个实根，求 a^2+b^2 的最小值.（1973年IMO 3题）

解 因 $x=0$ 不是给定方程的根，故原方程可以化成

$$x^2+ax+b+ax^{-1}+x^{-2}=0,$$

$$(x^2+x^{-2})+a(x+x^{-1})+b=0,$$

$$(x+x^{-1})^2+a(x+x^{-1})+b-2=0.$$

令 $y=x+x^{-1}$，于是有

$$y^2+ay+b-2=0. \quad ①$$

且它至少有一个使 $|y|\geqslant 2$ 的实根. ①的解为

$$y=\frac{1}{2}\left(-a\pm\sqrt{a^2-4(b-2)}\right),$$

于是有

$$|a|+\sqrt{a^2-4(b-2)}\geqslant 4,$$

$$\sqrt{a^2-4(b-2)}\geqslant 4-|a|,$$

$$a^2-4(b-2)\geqslant 16+a^2-8|a|$$

$$8|a|\geqslant 8+4b, \quad 2|a|\geqslant 2+b, \quad 4a^2\geqslant b^2+4b+4.$$

$$4(a^2+b^2)\geqslant 5b^2+4b+4=5\left(b+\frac{2}{5}\right)^2+\frac{16}{5}\geqslant\frac{16}{5},$$

其中等号成立当且仅当 $b=-\frac{2}{5}$.

所以，a^2+b^2 的最小值是 $\frac{4}{5}$.

解2 由①有

$$ay+b=2-y^2. \quad ②$$

由柯西不等式有

$$(ay+b)^2 \leqslant (a^2+b^2)(y^2+1),\qquad ③$$

其中等号成立当且仅当 $a=by$. 由②和③得

$$a^2+b^2 \geqslant \frac{(ay+b)^2}{y^2+1} = \frac{(2-y^2)^2}{y^2+1} = \frac{(y^2-2)^2}{y^2+1}$$

$$= \frac{[(y^2+1)-3]^2}{y^2+1} = (y^2+1)-6+\frac{9}{y^2+1}.\qquad ④$$

由于 $y=x+x^{-1}$，所以 $|y|\geqslant 2$，$y^2+1\geqslant 5$. 又因函数

$$f(t)=t+\frac{9}{t}\ (t\geqslant 5)$$

是严格递增函数，所以

$$a^2+b^2 \geqslant 5+\frac{9}{5}-6=\frac{4}{5}.$$

当且仅当 $a=by$，$|y|=2$ 时等号成立. 由②知，当 $b=-\frac{2}{5}$，$a=\pm\frac{4}{5}$ 时，上式中等号成立且方程②有根 $|y|=2$.

所以，a^2+b^2 的最小值为 $\frac{4}{5}$.

12　已知 x_1，x_2 是方程 $x^2-(k-2)x+(k^2+3k+5)=0\ (k\in R)$ 的两个实根，求 $x_1^2+x_2^2$ 的最大值　（《华南》53页例4）

从判别式入手
从韦达定理入手

解　由于方程有实根，故有

$$0\leqslant \Delta=(k-2)^2-4(k^2+3k+5)$$

$$=k^2-4k+4-4k^2-12k-20$$

$$=-3k^2-16k-16.$$

$$3k^2+16k+16\leqslant 0.\quad -4\leqslant k\leqslant -\frac{4}{3}.$$

据此由韦达定理有

$$x_1^2+x_2^2=(x_1+x_2)^2-2x_1x_2=(k-2)^2-2(k^2+3k+5)$$

$$=k^2-4k+4-2k^2-6k-10$$

$$=-k^2-10k-6=-(k+5)^2+19$$

$$\leqslant -(-4+5)^2+19=18,$$

其中等号当且仅当 $k=-4$ 时成立.

所以，$x_1^2+x_2^2$ 的最大值为18.

13　求函数 $y=\frac{3+\sin\theta}{2+\cos\theta}$ 的最小值和最大值.

（《华南》55页例10—11）

解1　令 $t=\tan\frac{\theta}{2}$，于是 $\sin\theta=\frac{2t}{1+t^2}$，$\cos\theta=\frac{1-t^2}{1+t^2}$. 代入给定的函数，得到

$$y=\frac{3+\frac{2t}{1+t^2}}{2+\frac{1-t^2}{1+t^2}}=\frac{3t^2+2t+3}{t^2+3}. \quad ①$$

变形为 t 的一元二次方程

$$(y-3)t^2-2t+(3y-3)=0. \quad ②$$

因为 t 为实数，即方程有实根，故有

$$0\leqslant\Delta=4-4(y-3)(3y-3)=-3y^2+12y-8. \quad ③$$

$$3y^2-12y+8\leqslant 0.$$

从判别式入手

解得

$$\frac{6-2\sqrt{3}}{3}\leqslant y\leqslant\frac{6+2\sqrt{3}}{3}. \quad ④$$

注意，当 $y=3$ 时，$y-3=0$，方程②退化为一次方程，但这时直接可以看出，③式仍然成立. 当④中等号分别成立时，方程②有两个相等实根，从而①也成立. 所以，所求的最大值和最小值分别为 $\frac{1}{3}(6+2\sqrt{3})$ 和 $\frac{1}{3}(6-2\sqrt{3})$.

解2　将给定函数改写为

$$2y-3=\sin\theta-y\cos\theta$$
$$=\sqrt{1+y^2}\left(\frac{1}{\sqrt{1+y^2}}\sin\theta-\frac{y}{\sqrt{1+y^2}}\cos\theta\right).$$

令 $\cos\varphi=\frac{1}{\sqrt{1+y^2}}$，于是 $\sin\varphi=\frac{-y}{\sqrt{1+y^2}}$，$\tan\varphi=-y$. 代入上

式并利用三角公式得到

$$2y-3=\sqrt{1+y^2}\sin(\theta+\varphi).$$

于是有

$$|2y-3|\leq\sqrt{1+y^2},\qquad (2y-3)^2\leq 1+y^2,$$

$$3y^2-12y+8\leq 0.$$

这就是解1中的方程，故可得到同样的结论.

解3 将函数y改写成

$$y=\frac{\sin\theta-(-3)}{\cos\theta-(-2)},$$

数形结合

于是y表示单位圆上的动点$A(\cos\theta,\sin\theta)$与定点$P(-2,-3)$之间连线的斜率.

设过点P作$\odot O$的两条切线的切点分别为A_1，A_2，于是$y_{max}=k_{PA_1}$，$y_{min}=k_{PA_2}$. 设PA_1，PA_2的倾角分别为θ_1和θ_2，OP的倾角为α，$\angle OPA_1=\angle OPA_2=\beta$，于是

$$\tan\alpha=\frac{2}{3},\quad \tan\beta=\frac{\sqrt{3}}{6}.$$

$$k_{PA_1}=\tan\theta_1=\tan(\alpha+\beta)=\frac{\tan\alpha+\tan\beta}{1-\tan\alpha\tan\beta}=\frac{\frac{3}{2}+\frac{\sqrt{3}}{6}}{1-\frac{3}{2}\times\frac{\sqrt{3}}{6}}=\frac{6+2\sqrt{3}}{3},$$

$$k_{PA_2}=\tan\theta_2=\tan(\alpha-\beta)=\frac{\tan\alpha-\tan\beta}{1+\tan\alpha\tan\beta}=\frac{\frac{3}{2}-\frac{\sqrt{3}}{6}}{1+\frac{3}{2}\times\frac{\sqrt{3}}{6}}=\frac{6-2\sqrt{3}}{3}.$$

所以有 $y_{max}=\dfrac{6+2\sqrt{3}}{3}$，$y_{min}=\dfrac{6-2\sqrt{3}}{3}$.

14　将直线 $x=\frac{\pi}{4}$ 被曲线 C：

$$(x-\arcsin\alpha)(x-\arccos\alpha)+(y-\arcsin\alpha)(y+\arccos\alpha)=0 \quad ①$$

所截得的弦长记为 d，当 α 变化时，求 d 的最小值.

（1993年全国联赛一试一4题）

解　由方程①知，曲线 C 是以 $A(\arcsin\alpha,\arcsin\alpha)$ 和 $B(\arccos\alpha,-\arccos\alpha)$ 为一组对径点的圆的方程，故知⊙C的圆心的横坐标为

$$x_0=\frac{1}{2}(\arcsin\alpha+\arccos\alpha)=\frac{\pi}{4}.$$

可见，给定的直线 $x=\frac{\pi}{4}$ 过圆心 x_0，从而截得的弦就是⊙C的直径，于是有

$$d^2=|AB|^2=(\arcsin\alpha-\arccos\alpha)^2+(\arcsin\alpha+\arccos\alpha)^2$$

$$\geqslant(\arcsin\alpha+\arccos\alpha)^2=\frac{\pi^2}{4}.$$

数形结合

$$d\geqslant\frac{\pi}{2},$$

且当 $\arcsin\alpha=\arccos\alpha$，即当 $\alpha=\frac{\sqrt{2}}{2}$ 时，上式中等号成立，所以 d 的最小值为 $\frac{\pi}{2}$.

注　设 $A(a_1,a_2)$，$B(b_1,b_2)$ 为定点，$M(x,y)$ 为动点，则向量 $\overrightarrow{AM}=(x-a_1,y-a_2)$，$\overrightarrow{BM}=(x-b_1,y-b_2)$，当 $\overrightarrow{AM}\cdot\overrightarrow{BM}=0$ 即 $\overrightarrow{AM}\perp\overrightarrow{BM}$ 时，有

$$(x-a_1)(x-b_1)+(y-a_2)(y-b_2)=0.$$

极这个方程就是以 A，B 为对径点的圆的方程.

15 给定正整数n和正数M，对于满足条件$a_1^2+a_{n+1}^2\le M$的所有等差数列$a_1,a_2,a_3,\cdots$，试求$S=a_{n+1}+a_{n+2}+\cdots+a_{2n+1}$的最大值．（1999年全国联赛一试五题）

解1 设数列首项为a_1，公差为d，

$$a_1^2+(a_1+nd)^2\le M,\qquad ①$$

$$S=\frac{1}{2}(n+1)(2a_1+3nd)=-\frac{n+1}{2}a_1+\frac{3(n+1)}{2}(a_1+nd).\qquad ②$$

令$x=a_1$，$y=a_1+nd$，于是①．②两式化为

$$x^2+y^2\le M,\qquad ③$$

数形结合

$$-\frac{n+1}{2}x+\frac{3(n+1)}{2}y=S.\qquad ④$$

③式表示(x,y)是以原点为心、$\sqrt{M}$为半径的圆上及圆内的点，④式表示斜率为$\frac{1}{3}$的直线族．因为直线与圆有公共点的充分必要条件是圆心到直线的距离不超过半径，所以由③和④有

$$\frac{|S|}{\sqrt{\left(\frac{n+1}{2}\right)^2+\left(\frac{3(n+1)}{2}\right)^2}}\le\sqrt{M},$$

即有

$$-\frac{(n+1)\sqrt{10M}}{2}\le S\le\frac{(n+1)\sqrt{10M}}{2}.$$

当$x=-\frac{\sqrt{10M}}{10}$，$y=\frac{3\sqrt{10M}}{10}$，即$a_1=-\frac{\sqrt{10M}}{10}$，$d=\frac{4\sqrt{10M}}{10n}$时，$S=\frac{(n+1)\sqrt{10M}}{2}$．

所以，所求的S的最大值为$\frac{(n+1)\sqrt{10M}}{2}$．

解2 令$a_1=r\cos\theta$，$a_{n+1}=a_1+nd=r\sin\theta$（$d$为公差，$r^2\le M$），于是

$$a_1=r\cos\theta,\ d=\frac{r}{n}(\sin\theta-\cos\theta).$$

$$\therefore S=a_{n+1}+a_{n+2}+\cdots+a_{2n+1}=\frac{1}{2}(n+1)(2a_1+3nd)$$

$$=\frac{r(n+1)(3\sin\theta-\cos\theta)}{2}=\frac{\sqrt{10}\,r(n+1)\sin(\theta-\alpha)}{2}$$

$$\leqslant\frac{1}{2}\sqrt{10M}(n+1),$$

其中$\cos\alpha=\frac{3\sqrt{10}}{10}$，$\sin\alpha=\frac{\sqrt{10}}{10}$，且当$r=\sqrt{M}$，$\sin(\theta-\alpha)=1$时等号成立，即当$r=\sqrt{M}$，$\sin\theta=\frac{3\sqrt{10}}{10}$，$\cos\theta=-\frac{\sqrt{10}}{10}$，亦即当$a_1=-\frac{\sqrt{10M}}{10}$，$d=\frac{2\sqrt{10M}}{5n}$时，上式中等号成立．即有

$$S=\frac{1}{2}(n+1)\sqrt{10M}.$$

所以，S的最大值为$\frac{1}{2}(n+1)\sqrt{10M}$．

解3　设首项为a，公差为d，于是有

$$S=\frac{1}{2}(n+1)(2a+3nd).\qquad ①$$

由①有

$$nd=\frac{2}{3}\left(\frac{S}{n+1}-a\right).\qquad ②$$

由已知有　$a_1^2+a_{n+1}^2\leqslant M$，　$a^2+(a+nd)^2\leqslant M$．　③

将②代入③，得到

$$a^2+\left[a+\frac{2}{3}\left(\frac{S}{n+1}-a\right)\right]^2=a^2+\left(\frac{a}{3}+\frac{2}{3}\frac{S}{n+1}\right)^2$$

$$=a^2+\frac{a^2}{9}+\frac{4aS}{9(n+1)}+\frac{4}{9}\left(\frac{S}{n+1}\right)^2\leqslant M.$$

于是得到一个一元二次不等式

$$10a^2+\frac{4S}{n+1}a+\frac{4S^2}{(n+1)^2}-9M\leq 0. \quad ④$$

当不等式④有解时，应有 **从判别式入手**

$$\Delta=\left(\frac{4S}{n+1}\right)^2-40\times\left[\frac{4S^2}{(n+1)^2}-9M\right]\geq 0.$$

从而有

$$-144\left(\frac{S}{n+1}\right)^2+360M\geq 0,$$

$$4\left(\frac{S}{n+1}\right)^2\leq 10M,$$

$$-\frac{1}{2}(n+1)\sqrt{10M}\leq S\leq\frac{1}{2}(n+1)\sqrt{10M}.$$

且当 $a=-\frac{\sqrt{10M}}{10}$，$d=\frac{4\sqrt{10M}}{10n}$ 时，上式右一等号成立.

所以 S 的最大值为 $\frac{1}{2}(n+1)\sqrt{10M}$. （《奥秘》265页A4题）

七 取值范围问题

1. 已知 $A=\{x \mid x^2-4x+3<0, x\in R\}$，$B=\{x \mid 2^{1-x}+a\leq 0, x^2-2(a+7)x+5\leq 0, x\in R\}$. 若 $A\subseteq B$，求实数 a 的取值范围.　　　（2003年全国联赛一试9题）

解　解不等式 $x^2-4x+3<0$ 得 $A=(1,3)$. 令

$$f(x)=2^{1-x}+a,\quad g(x)=x^2-2(a+7)x+5.$$

注意，$f_1(x)=2^{1-x}=2\cdot 2^{-x}$ 作为指数函数是严格递减的，从而 $f(x)$ 也严格递减；$g(x)$ 作为二次函数的图形是一条抛物线，它的任何一段弧都在两个端点连出的弦的下方. 所以，为使 $A\subseteq B$，当且仅当

$$f(1)\leq 0;\ g(1)\leq 0,\ g(3)\leq 0.$$

从导出估计不等式入手

$0\geq f(1)=1+a$，　$a\leq -1$；

$0\geq g(1)=1-2(a+7)+5=-8-2a$，$a\geq -4$；

$0\geq g(3)=9-6(a+7)+5=-28-6a$，$a\geq -\frac{28}{6}$.

所以，实数 a 的取值范围为 $-4\leq a\leq -1$.

2. 已知不等式 $\sin^2x+a\cos x+a^2\geqslant 1+\cos x$ 对一切 $x\in R$ 恒成立，求负数 a 的取值范围．（2002年全国联赛一试12题）

解 将已知不等式改写成

$$1-\cos^2x+a\cos x+a^2\geqslant 1+\cos x$$

$$a^2\geqslant \cos^2x+\cos x(1-a)=\left(\cos x+\frac{1-a}{2}\right)^2-\left(\frac{1-a}{2}\right)^2$$

$$a^2+\left(\frac{1-a}{2}\right)^2\geqslant\left(\cos x+\frac{1-a}{2}\right)^2. \quad ①$$

因为 $a<0$，所以 $\left|\cos x+\frac{1-a}{2}\right|$ 在 $\cos x=1$ 时取得最大值 $\frac{3-a}{2}$．又因①式对一切 $x\in R$ 成立，故得

$$a^2+\left(\frac{1-a}{2}\right)^2\geqslant\left(\frac{3-a}{2}\right)^2,\quad 4a^2+(1-a)^2-(3-a)^2\geqslant 0,$$

$$4a^2+4a-8\geqslant 0,\quad a^2+a-2\geqslant 0,\quad (a+2)(a-1)\geqslant 0.$$

解得 $a\leqslant -2$，$a\geqslant 1$． 【从导出代数不等式入手】

所以，负数 a 的取值范围为 $a\leqslant -2$．

3 已知 $\sin\alpha>0$，$\cos\alpha<0$ 且 $\sin\frac{\alpha}{3}>\cos\frac{\alpha}{3}$，求 $\frac{\alpha}{3}$ 的取值范围.（2000年全国联赛一试2题）

解 由 $\sin\alpha>0$，$\cos\alpha<0$ 可知

$$2k\pi+\frac{\pi}{2}<\alpha<2k\pi+\pi,$$

$$\frac{2}{3}k\pi+\frac{\pi}{6}<\frac{\alpha}{3}<\frac{2}{3}k\pi+\frac{\pi}{3},\ k\in Z. \qquad ①$$

而由 $\sin\frac{\alpha}{3}>\cos\frac{\alpha}{3}$ 又知

$$2k\pi+\frac{\pi}{4}<\frac{\alpha}{3}<2k\pi+\frac{5\pi}{4},\ k\in Z. \qquad ②$$

注意，①所表示的取值范围，每个周期中有3段：

$$2k\pi+\frac{\pi}{6}<\frac{\alpha}{3}<2k\pi+\frac{\pi}{3},$$

$$2k\pi+\frac{5\pi}{6}<\frac{\alpha}{3}<2k\pi+\pi,\quad k\in Z. \qquad ③$$

$$2k\pi+\frac{9\pi}{6}<\frac{\alpha}{3}<2k\pi+\frac{5\pi}{3}.$$

②与③的交集为　　　　从导出估计不等式入手

$$\left(2k\pi+\frac{\pi}{4},2k\pi+\frac{\pi}{3}\right)\cup\left(2k\pi+\frac{5\pi}{6},2k\pi+\pi\right),\ k\in Z,$$

此即 $\frac{\alpha}{3}$ 的取值范围.

注 这是一道选择题，4个选项中只有(D)是两段，而另3个选项都是1段，故选(D).

4. 设当 $x\in[0,1]$ 时,不等式

$$x^2\cos\theta-x(1-x)+(1-x)^2\sin\theta>0 \qquad ①$$

恒成立,求 θ 的取值范围. (1999年全国联赛一试三题)

解1 令

$$f(x)=x^2\cos\theta-x(1-x)+(1-x)^2\sin\theta.$$

于是由①有

$$\sin\theta=f(0)>0,\quad \cos\theta=f(1)>0. \qquad ②$$

将 $f(x)$ 的表达式改写成

$$f(x)=\left(x\sqrt{\cos\theta}-(1-x)\sqrt{\sin\theta}\right)^2+x(1-x)\left(2\sqrt{\cos\theta\sin\theta}-1\right), \qquad ③$$

于是当令 $x_0=\dfrac{\sqrt{\sin\theta}}{\sqrt{\cos\theta}+\sqrt{\sin\theta}}$ 时,$x_0\sqrt{\cos\theta}-(1-x_0)\sqrt{\sin\theta}=0$,且 $0<x_0<1$,由已知条件又有

$$0<f(x_0)=x_0(1-x_0)\left(2\sqrt{\cos\theta\sin\theta}-1\right).$$

故有 从导出估计不等式入手

$$2\sqrt{\cos\theta\sin\theta}-1>0, \qquad ④$$

即②和④是①成立的必要条件.

反之,若②和④成立,由③直接看出①在 $[0,1]$ 上恒成立.

由②知,$2k\pi<\theta<2k\pi+\frac{\pi}{2}$,由④又有

$$\sqrt{\cos\theta\sin\theta}>\frac{1}{2},\quad \frac{1}{2}\sin2\theta>\frac{1}{4},\quad \sin2\theta>\frac{1}{2}.$$

注意到在第1个周期范围内,$0<2\theta<\pi$,所以有

$$\frac{\pi}{6}<2\theta<\frac{5\pi}{6},\quad \frac{\pi}{12}<\theta<\frac{5\pi}{12}.$$

从而知 θ 的取值范围为 $2k\pi+\frac{\pi}{12}<\theta<2k\pi+\frac{5\pi}{12}$,$k\in\mathbb{Z}$.

解2 令

$$f(x)=x^2\cos\theta-x(1-x)+(1-x)^2\sin\theta$$
$$=(1+\sin\theta+\cos\theta)x^2-(1+2\sin\theta)x+\sin\theta,$$

于是$f(x)$为二次函数．由①有

$$\sin\theta=f(0)>0, \quad \cos\theta=f(1)>0.$$

所以$f(x)$的最小点为

$$0<x_0=\frac{1+2\sin\theta}{2(1+\sin\theta+\cos\theta)}<1,$$

即$x_0\in[0,1]$．由于$f(x)$在$[0,1]$上恒正，所以$f(x_0)>0$．从而$f(x)$在$(-\infty,+\infty)$上恒正．故有

从判别式入手

$$0>\Delta=(1+2\sin\theta)^2-4(1+\sin\theta+\cos\theta)\sin\theta$$
$$=1+4\sin\theta+4\sin^2\theta-4\sin\theta-4\sin^2\theta-4\sin\theta\cos\theta$$
$$=1-2\sin 2\theta.$$

从导出估计不等式入手

$$\sin 2\theta>\frac{1}{2}, \quad \frac{\pi}{6}<2\theta<\frac{5\pi}{6}, \quad \frac{\pi}{12}<\theta<\frac{5\pi}{12}.$$

所以θ的取值范围为$2k\pi+\frac{\pi}{12}<\theta<2k\pi+\frac{5\pi}{12}$，$k\in\mathbb{Z}$．

5. 已知椭圆 $x^2+4(y-a)^2=4$ 与抛物线 $x^2=2y$ 有公共点，求实数 a 的取值范围．（1998年全国联赛一试二-5题）

解 将椭圆的参数方程

$$x=2\cos\theta,\ y=a+\sin\theta$$

代入抛物线 $x^2=2y$，得到

从求解相关函数入手

$$4\cos^2\theta=2(a+\sin\theta).$$

$$a=2\cos^2\theta-\sin\theta=2-2\sin^2\theta-\sin\theta$$
$$=-2\left(\sin\theta+\frac{1}{4}\right)^2+\frac{17}{8}.$$

由于

$$-1\leqslant\sin\theta\leqslant1,\quad -\frac{3}{4}\leqslant\sin\theta+\frac{1}{4}\leqslant\frac{5}{4},\quad 0\leqslant\left(\sin\theta+\frac{1}{4}\right)^2\leqslant\frac{25}{16}$$

所以

$$-1\leqslant a\leqslant\frac{17}{8},$$

即 a 的取值范围为 $-1\leqslant a\leqslant\frac{17}{8}$．

※解2 将 $x^2=2y$ 代入椭圆方程，得到

$$2y+4(y-a)^2=4,\quad y+2(y-a)^2=2,$$

$$2y^2+(1-4a)y+2(a^2-1)=0. \qquad ①$$

注意应有 $y\geqslant0$，当 $a\geqslant\frac{1}{4}$ 时，$-(1-4a)\geqslant0$，故这时只须 $\Delta\geqslant0$，即有

从判别式入手

$$0\leqslant\Delta=(1-4a)^2-16(a^2-1)$$
$$=1-8a+16a^2-16a^2+16=17-8a.$$

解得 $a\leqslant\frac{17}{8}$．

从导出估计不等式入手

当 $a<\frac{1}{4}$ 时，$-(1-4a)<0$，这时为使方程①有非负根，即应有

$$-(1-4a)+\sqrt{(1-4a)^2-16(a^2-1)}\geqslant 0,$$

从而有

$$a^2-1\leqslant 0,\quad -1\leqslant a\leqslant 1.$$

综上可知，a 的取值范围为 $-1\leqslant a\leqslant \frac{17}{8}$.

6. 已知对任意实数 x 和任意 $\theta\in[0,\frac{\pi}{2}]$ 恒有

$$(x+3+2\sin\theta\cos\theta)^2+(x+a\sin\theta+a\cos\theta)^2\geqslant\frac{1}{8}.\qquad ①$$

求实数 a 的取值范围.(《代》9·68)(1996年全国联赛二试二题)

解 令

$$\begin{aligned}f(x)&=(x+3+2\sin\theta\cos\theta)^2+(x+a\sin\theta+a\cos\theta)^2\\&=2x^2+2x(3+2\sin\theta\cos\theta+a\sin\theta+a\cos\theta)\\&\quad+(3+2\sin\theta\cos\theta)^2+(a\sin\theta+a\cos\theta)^2,\end{aligned}$$

这是一族二次函数. 对于每个 $\theta\in[0,\frac{\pi}{2}]$, 它在

$$x_\theta=-\frac{1}{2}(3+2\sin\theta\cos\theta+a\sin\theta+a\cos\theta)$$

取得最小值. 所以①成立的等价条件是 $f(x_\theta)\geqslant\frac{1}{8}$, 即

$$(3+2\sin\theta\cos\theta-a\sin\theta-a\cos\theta)^2\geqslant\frac{1}{4}\qquad ②$$

对所有 $\theta\in[0,\frac{\pi}{2}]$ 都成立. 由此解得两组不等式

$$a\geqslant\frac{\frac{7}{2}+2\sin\theta\cos\theta}{\sin\theta+\cos\theta},\quad \theta\in[0,\frac{\pi}{2}].\qquad ③$$

$$a\leqslant\frac{\frac{5}{2}+2\sin\theta\cos\theta}{\sin\theta+\cos\theta},\quad \theta\in[0,\frac{\pi}{2}].\qquad ④$$

从导出估计不等式入手

先考察条件③, 这时有

$$\frac{\frac{7}{2}+2\sin\theta\cos\theta}{\sin\theta+\cos\theta}=(\sin\theta+\cos\theta)+\frac{5}{2}\frac{1}{\sin\theta+\cos\theta}.\qquad ⑤$$

当 $\theta\in[0,\frac{\pi}{2}]$ 时, $\sin\theta+\cos\theta=\sqrt{2}\sin(\theta+\frac{\pi}{4})$, $\theta+\frac{\pi}{4}\in[\frac{\pi}{4},\frac{3\pi}{4}]$, 所以 $1\leqslant\sin\theta+\cos\theta\leqslant\sqrt{2}$. 又因函数 $g(x)=x+\frac{5}{2x}$ 在 $x=\frac{\sqrt{10}}{2}$ 时取得最小值, 在 $[1,\sqrt{2}]$ 上递减, 所以由⑤可知

$$\max_{0\leq\theta\leq\frac{\pi}{2}}\frac{\frac{7}{2}+2\sin\theta\cos\theta}{\sin\theta+\cos\theta}=\max_{1\leq x\leq\sqrt{2}}g(x)=g(1)=\frac{7}{2}.$$

从而得到 $a\geq\frac{7}{2}$.

再考察条件④,这时又有

$$\frac{\frac{5}{2}+2\sin\theta\cos\theta}{\sin\theta+\cos\theta}=(\sin\theta+\cos\theta)+\frac{3}{2}\cdot\frac{1}{\sin\theta+\cos\theta}$$

$$\geq2\sqrt{\frac{3}{2}}=\sqrt{6}.$$

其中当 $\sin\theta+\cos\theta=\frac{\sqrt{6}}{2}$ 时等号成立. 从而又得 $a\leq\sqrt{6}$.

综上可知,实数 a 的取值范围为 $(-\infty,\sqrt{6}]\cup[\frac{7}{2},+\infty)$

7题解3 像解1那样一样地有 $k>0$. 令

$$f(x)=|x-2n|,\quad g(x)=k\sqrt{x}.$$

数形结合

于是 $f(x)$ 与 $g(x)$ 的图象分别如图所示,两个图形的两个交点的 x 坐标全在 $(2n-1,2n+1]$ 的范围内. 因此有

y=g(x)

y=f(x)

2n-1 2n 2n+1

$$1=f(2n-1)>g(2n-1)=k\sqrt{2n-1},$$

$$1=f(2n+1)\geq g(2n+1)=k\sqrt{2n+1}.$$

由此即得 k 的取值范围是 $(0,\frac{1}{\sqrt{2n+1}}]$. (2004.9.26)

数形转换

7．已知方程 $|x-2n| = k\sqrt{x}$ $(n\in N^+)$ 在区间 $(2n-1, 2n+1]$ 上有两个不相等的实根，求 k 的取值范围．

（1995年全国联赛一试——4题）

解1 显然 $k\geq 0$．但当 $k=0$ 时方程只有1个根，所以有 $k>0$．

将原方程两端同时平方，得到

从消去降得改号入手

$$(x-2n)^2 = k^2x. \quad ①$$

令 $f(x)=(x-2n)^2$，$g(x)=k^2x$，则 $f(x)$ 为一条抛物线而 $g(x)$ 为一条直线．由于两条线在区间 $(2n-1, 2n+1]$ 上有两个交点，所以必有

$$f(2n-1) > g(2n-1), \quad f(2n+1)\geq g(2n+1),$$

从导出估计不等式入手

即有

$$k^2(2n-1) < 1, \quad k^2(2n+1)\leq 1. \quad ②$$

$$k^2 \leq \frac{1}{2n+1}, \quad 0<k\leq \frac{1}{\sqrt{2n+1}}.$$

所以 k 的取值范围为 $\left(0, \frac{1}{\sqrt{2n+1}}\right]$．

※ 解2 将方程①改写成

$$(x-2n)^2 - k^2(x-2n) - 2nk^2 = 0, \quad t^2 - k^2t - 2nk^2 = 0.$$

解得 $t=\frac{1}{2}\left(k^2 \pm \sqrt{k^4+8nk^2}\right)$．按题意，应有

$$-2 < k^2 - \sqrt{k^4+8nk^2} < k^2 + \sqrt{k^4+8nk^2} \leq 2.$$

由第1个不等式和最后一个不等式分别解得②中两式，所以得到同样的结果．

（解3在前一页）

8. 已知有向线段 PQ 的起点 P 和终点 Q 的坐标分别为 $(-1,1)$ 和 $(2,2)$. 若直线 l 的方程为 $x+my+m=0$，直线 l 与线段 PQ 的延长线相交，求 m 的取值范围.

（1994年全国联赛一试二—1题）

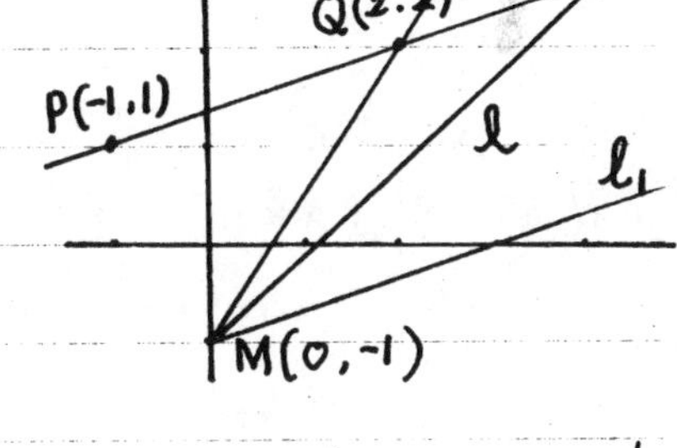

解　将直线 l 的方程改写为
$$x+m(y+1)=0,$$
由此可见，直线 l 恒过点 $M(0,-1)$. 过点 M 在上半 x 平面内作射线 $l_1 \parallel PQ$，于是 $k_{l_1}=k_{PQ}=\frac{2-1}{2+1}=\frac{1}{3}$. 再作直线 MQ，记为 l_2，于是 l_2 的斜率为 $k_{l_2}=\frac{2+1}{2-0}=\frac{3}{2}$. 易见，凡是交于 PQ 延长线且过点 M 的直线 l 均位于 l_1 与 l_2 之间（如图所示），所以有 $k_{l_1}<k_l<k_{l_2}$. 因为直线 l 的斜率为 $k_l=-\frac{1}{m}$，所以有
$$\frac{1}{3}<-\frac{1}{m}<\frac{3}{2},\quad 3>-m>\frac{2}{3},\quad -3<m<-\frac{2}{3}.$$
即 m 的取值范围为 $\left(-3,-\frac{2}{3}\right)$.

从导出估计不等式入手

注　将条件"l 与 PQ 的延长线相交"改为"l 与 PQ 的双向延长线相交"，结果就变成：m 的取值范围为
$$(-\infty,-3)\cup\left(-3,-\frac{2}{3}\right)\cup\left(\frac{1}{2},+\infty\right).$$

9　已知二次方程

$$(1-i)x^2+(\lambda+i)x+(1+i\lambda)=0\quad(\lambda\in\mathbf{R},\ i\text{为虚数单位})$$

有两个虚根，求λ的取值范围.（1993年全国联赛一试二-1题）

解　若给定的一元二次方程不是有两个虚根，则至少有1个实根. 设方程有一个实根x_0，于是有

$$(1-i)x_0^2+(\lambda+i)x_0+(1+i\lambda)=0.$$

$$(x_0^2+\lambda x_0+1)+i(-x_0^2+x_0+\lambda)=0.$$

实虚部分开，得到

$$\begin{cases}x_0^2+\lambda x_0+1=0, & ①\\ -x_0^2+x_0+\lambda=0. & ②\end{cases}$$

①+②，得到

$$(x_0+1)(\lambda+1)=0. \qquad ③$$

由③知 $x_0=-1$ 或 $\lambda=-1$，再由①得到

$$\begin{cases}x_0=-1\\ \lambda=2\end{cases}\quad\text{或}\quad\begin{cases}\lambda=-1\\ 0=x_0^2-x_0+1=\left(x_0-\frac{1}{2}\right)^2+\frac{3}{4}>0,\text{矛盾}.\end{cases}$$

所以，当且仅当$\lambda=2$时，原方程有实根. 从而知原方程有两个虚根时，λ的取值范围是$\lambda\neq2$，即为$(-\infty,2)\cup(2,+\infty)$.

注　复数$a+bi$当$b\neq0$时称为虚数. 当$a=0$，$b\neq0$时称为纯虚数. 值为虚数的根称为虚根.

10　在平面直角坐标系中，方程 $m(x^2+y^2+2y+1)=(x-2y+3)^2$ 表示的曲线为椭圆，求 m 的取值范围.

（1997年全国联赛一试——4题）

解　将给定的方程改写为

$$\frac{x^2+(y+1)^2}{(x-2y+3)^2}=\frac{1}{m},\quad m>0.$$

$$\frac{\sqrt{x^2+(y+1)^2}}{\left|\frac{x-2y+3}{\sqrt{1^2+(-2)^2}}\right|}=\sqrt{\frac{5}{m}}.$$

注意，上式左端的分子表示动点 (x,y) 到定点 $(0,-1)$ 的距离而分母表示点 (x,y) 到定直线 $x-2y+3$ 的距离，从而上式恰表示动点 (x,y) 到定点 $(0,-1)$ 的距离与点 (x,y) 到定直线的距离之比为常数 $\sqrt{\frac{5}{m}}$. 由于给定方程的表示的曲线为椭圆，故应有

$$\sqrt{\frac{5}{m}}<1,\quad m>5.$$

所以 m 的取值范围为 $m>5$，或写成 $(5,+\infty)$.

解2　由给定方程

$$m\left[x^2+(y+1)^2\right]=(x-2y+3)^2 \qquad ①$$

看出 $m\geq 0$. 将①式化为

$$mx^2+my^2+2my+m=x^2+4y^2+9-4xy-12y+6x$$

$$(m-1)x^2+(m-4)y^2+4xy-6x+(2m+12)y+(m-9)=0$$

椭圆应有

$$0<\begin{vmatrix} m-1 & 2 \\ 2 & m-4 \end{vmatrix}=(m-1)(m-4)-4=m^2-5m$$

~~解得 $m<0$，$m>5$. 所以 m 的取值范围为 $m>5$.~~

（2005.10.6）

11. 设不等式

$$\sin^6 x+\cos^6 x+2a\sin x\cos x\geqslant 0 \quad ①$$

对所有实数 x 都成立，求实数 a 的取值范围

（《代数卷》9-34）（1973年基辅数学奥林匹克）

解 由因式分解的立方和公式和三角公式有

$$\sin^6 x+\cos^6 x=(\sin^2 x+\cos^2 x)(\sin^4 x-\sin^2 x\cos^2 x+\cos^4 x)$$
$$=\sin^4 x+\cos^4 x-\sin^2 x\cos^2 x$$
$$=(\sin^2 x+\cos^2 x)^2-3\sin^2 x\cos^2 x=1-3\sin^2 x\cos^2 x.$$

代入①式，得到　　从导出估计不等式入手

$$1-3\sin^2 x\cos^2 x+2a\sin x\cos x\geqslant 0.$$

$$1-\frac{3}{4}\sin^2 2x+a\sin 2x\geqslant 0 \quad ②$$

对所有实数 x 都成立，取 $x_1=\frac{\pi}{4}$，于是 $\sin 2x_1=1$，代入②得到

$$1-\frac{3}{4}+a\geqslant 0,\quad a\geqslant -\frac{1}{4}. \quad ③$$

令 $x_2=\frac{3\pi}{4}$，于是 $\sin 2x_2=-1$．代入②式得到

$$1-\frac{3}{4}-a\geqslant 0,\quad a\leqslant \frac{1}{4}. \quad ④$$

由③和④得到 $|a|\leqslant\frac{1}{4}$.

反之，当 $|a|\leqslant\frac{1}{4}$ 时，

$$1-\frac{3}{4}\sin^2 2x+a\sin 2x\geqslant 1-\frac{3}{4}-|a|\geqslant 1-\frac{3}{4}-\frac{1}{4}=0.$$

不等式②从而不等式①对所有 x 都成立．

所以，实数 a 的取值范围为 $|a|\leqslant\frac{1}{4}$.

12. 已知不等式组

$$\begin{cases} 2b\sin^2(x+y) \geqslant -b+4b^3\sin(x+y)+b^3, & ① \\ x^2+(b^4+1)y^2+b > 2xy & ② \end{cases}$$

对所有实数 x, y 都成立，求 b 的取值范围．

（《钱朱奥数（高二）》71页例2）

解　将②改写成

$$(x-y)^2+b^4y^2 > -b. \quad ③$$

易见，当且仅当 $b>0$ 时，③式从而②式对所有 x, y 都成立．

令 $t=\sin(x+y)$，于是 $t\in[-1,1]$ 且①式变为

$$2bt^2-4b^3t-b^3+b \geqslant 0,$$

$$2t^2-4b^2t-b^2+1 \geqslant 0, \quad ④$$

$$b^2(4t+1) \leqslant 2t^2+1, \quad t\in[-1,1]. \quad ④'$$

令 $t=0$，便得 $b^2\leqslant 1$．将④式配方，有

$$2(t-b^2)^2-(2b^4+b^2-1) \geqslant 0 \quad ⑤$$

因为 $b^2\leqslant 1$，故可取 $t=b^2$，于是由⑤式得到

$$2b^4+b^2-1 \leqslant 0. \quad ⑥$$

从导出估计不等式入手

由于 $b>0$，由⑥解得 $0<b\leqslant \frac{\sqrt{2}}{2}$．

所以，b 的取值范围为 $0<b\leqslant \frac{\sqrt{2}}{2}$．

注　将④′改写成 $b^2\leqslant \frac{2t^2+1}{4t+1}$，对右端作为 t 的函数求导，然后求出最大值也可得到同样的结果．

13. 已知不等式

$$\lg(xy)\leqslant \lg a\cdot\sqrt{\lg^2x+\lg^2y}\qquad①$$

对所有 $x>1$，$y>1$ 都成立，求 a 的取值范围.

（《周王大全》104页例21题）

解　因为 $x>1$，$y>1$，故 $\lg x>0$，$\lg y>0$，从而有 $\sqrt{\lg^2x+\lg^2y}>0$. 于是可写

$$\lg a\geqslant \frac{\lg x+\lg y}{\sqrt{\lg^2x+\lg^2y}}=\sqrt{\frac{(\lg x+\lg y)^2}{\lg^2x+\lg^2y}}=\sqrt{1+\frac{2\lg x\lg y}{\lg^2x+\lg^2y}}.\qquad②$$

又由均值不等式知

$$\lg^2x+\lg^2y\geqslant 2\lg x\lg y>0$$

故有

从导出的不等式入手

$$0<\frac{2\lg x\lg y}{\lg^2x+\lg^2y}\leqslant 1,\qquad 1<\sqrt{1+\frac{2\lg x\lg y}{\lg^2x+\lg^2y}}\leqslant\sqrt{2},$$

其中等号当且仅当 $x=y>1$ 时成立. 既然①式从而②式对所有 $x>1$，$y>1$ 成立. 故然有

$$\lg a\geqslant\sqrt{2},\qquad a\geqslant 10^{\sqrt{2}}.$$

所以，a 的取值范围为 $a\geqslant 10^{\sqrt{2}}$.

14. 设n为正整数，a，b为给定实数，$x_0, x_1, \cdots, x_n$为实数且有

$$\sum_{i=0}^{n} x_i = a, \quad \sum_{i=0}^{n} x_i^2 = b. \qquad ①$$

求x_0的取值范围.

（《周王大全》106页例25题）

解　由柯西不等式有

$$\left(\sum_{i=1}^{n} x_i\right)^2 \leqslant n \sum_{i=1}^{n} x_i^2 \qquad ②$$

将①代入②，即得

从导出估计不等式入手

$$(a - x_0)^2 \leqslant n(b - x_0^2).$$

$$(n+1)x_0^2 - 2a x_0 + a^2 - nb \leqslant 0. \qquad ③$$

这是一个以x_0为未知数的一元二次不等式，且x_0为它的解，从而有

$$0 \leqslant \Delta = 4a^2 - 4(n+1)(a^2 - nb) = 4n\left((n+1)b - a^2\right).$$

可见，当$b < \frac{a^2}{n+1}$时，x_0无解；当$b \geqslant \frac{a^2}{n+1}$时，由③解得

$$\frac{a - \sqrt{\frac{\Delta}{4}}}{n+1} \leqslant x_0 \leqslant \frac{a + \sqrt{\frac{\Delta}{4}}}{n+1}, \quad \Delta = 4n\left((n+1)b - a^2\right).$$

这就是x_0的取值范围.

15　已知二次方程 $mx^2+(2m-1)x-m+2=0$ 的两个根都小于1，求 m 的取值范围．　（《华南附中》51页例8）

解1　二次方程的两个根都小于1等价于下列3点：

(i) 方程有实根，故判别式 $\Delta\geq 0$；

(ii) 若记方程左端为 $f(x)$，则 $mf(1)>0$，即两根在 $x=1$ 的同侧

(iii) 两根的平均值小于1，故两根均小于1．

于是应有　　**从导出估计不等式入手**

$$\begin{cases}(2m-1)^2+4m(m-2)\geq 0, & ①\\ m[m+(2m-1)-m+2]>0, & ②\\ -\dfrac{2m-1}{2m}<1. & ③\end{cases}$$

①式可化为 $8m^2-12m+1\geq 0$，其解集为 $\left(-\infty,-\frac{3-\sqrt{7}}{4}\right]\cup\left[\frac{3+\sqrt{7}}{4},+\infty\right)$．②式等价于 $m(2m+1)>0$，其解集为 $\left(-\infty,-\frac{1}{2}\right)\cup(0,+\infty)$．③式的解集为 $(-\infty,0)\cup\left(\frac{1}{4},+\infty\right)$．

结合起来即知，m 的取值范围是 $\left(-\infty,-\frac{1}{2}\right)\cup\left(\frac{1}{4},+\infty\right)$．

解2　首先，二次方程有实根的充分必要条件是 $\Delta\geq 0$，即有

$$(2m-1)^2+4m(m-2)\geq 0. \quad ①$$

设两根为 x_1,x_2，由于 x_1,x_2 都小于1，即 $x_1-1<0$，$x_2-1<0$，其充分必要条件为

$$\begin{cases}(x_1-1)+(x_2-1)<0,\\ (x_1-1)(x_2-1)>0.\end{cases}\qquad \begin{cases}x_1+x_2-2<0,\\ x_1x_2-(x_1+x_2)+1>0.\end{cases}$$

由韦达定理有

$$\begin{cases} -\dfrac{2m-1}{m}-2<0, & ② \\ \dfrac{-m+2}{m}+\dfrac{2m-1}{m}+1>0. & ③ \end{cases}$$

以下解法同解1.

解3 令 $y=x-1$，于是 $x=y+1$，原方程化为

$$m(y+1)^2+(2m-1)(y+1)-m+2=0,$$

$$my^2+(4m-1)y+2m+1=0. \quad ①$$

由于原方程的两个根都小于1，故方程①的两个根都小于0，其充分必要条件是

$$\begin{cases} (4m-1)^2-4m(2m+1)=\Delta\geqslant 0, \quad 8m^2-12m+1\geqslant 0, \\ -\dfrac{4m-1}{m}<0, \\ \dfrac{2m+1}{m}>0. \end{cases}$$

像解1中一样地可得 m 的取值范围.

16 设集合 $M=\{(x,y)\mid x^2+2y^2=3\}$，$N=\{(x,y)\mid y=mx+b\}$ 若对于所有 $m\in R$，均有 $M\cap N\neq\phi$，则 b 的取值范围是（ ）.

A. $\left[-\frac{\sqrt{6}}{2},\frac{\sqrt{6}}{2}\right]$，B. $\left(-\frac{\sqrt{6}}{2},\frac{\sqrt{6}}{2}\right)$，C. $\left(-\frac{2\sqrt{3}}{3},\frac{2\sqrt{3}}{3}\right]$，

D. $\left[-\frac{2\sqrt{3}}{3},\frac{2\sqrt{3}}{3}\right]$.　　　　（2004年全国联赛一试2题）

解　条件 $M\cap N\neq\phi$ 等价于点 $(0,b)$ 在椭圆 $\frac{x^2}{3}+\frac{2y^2}{3}=1$ 上或它的内部，因为 N 是点斜式方程，过的定点是 $(0,b)$，于是有

$$\frac{2b^2}{3}\leq 1,\quad -\frac{\sqrt{6}}{2}\leq b\leq\frac{\sqrt{6}}{2}.$$

17 在平面直角坐标系中给定3点 $A\left(0,\frac{4}{3}\right)$，$B(-1,0)$，$C(1,0)$，点 P 到直线 BC 的距离是该点到直线 AB、AC 距离的等比中项.

(i) 求点 P 的轨迹方程；

(ii) 若直线 L 经过 $\triangle ABC$ 的内心（设为 D），且与点 P 的轨迹恰好有3个公共点，求 L 的斜率 k 的取值范围.

（2004年全国联赛一试14题）

解　(i) 直线 AB，AC 和 BC 的方程依次为

$$AB:\ y=\frac{4}{3}(x+1),\quad AC:\ y=-\frac{4}{3}(x-1),\quad BC:\ y=0.$$

点 $P(x,y)$ 到3条直线 AB，AC，BC 的距离依次为

$$d_1=\frac{1}{5}|4x-3y+4|,\quad d_2=\frac{1}{5}|4x+3y-4|,\quad d_3=|y|.$$

由假设知 d_3 为 d_1 和 d_2 的等比中项，故有

$$25y^2=|4x-3y+4|\cdot|4x+3y-4|=|16x^2-(3y-4)^2|,$$

即有

$16x^2-(3y-4)^2+25y^2=0$，或 $16x^2-(3y-4)^2-25y^2=0$.

故得点P的轨迹方程为

$S: 2x^2+2y^2+3y-2=0$ 及 $T: 8x^2-17y^2+12y-8=0$.

显然S为圆而T为双曲线（去掉B、C两点，前者使$d_1=d_3=0$，后者使$d_2=d_3=0$，都谈不上成等比）.

(ii) $\triangle ABC$的内心D到3边距离相等：$d_1=d_2=d_3$，故知点D在轨迹上. 因$OC=1$，$AO=\frac{4}{3}$，$AC=\frac{5}{3}$，所以点D的坐标为$(0,\frac{1}{2})$. 容易验证，点D在⊙S上.

因为y轴和⊙S有两个交点，与T没有交点，故过点D且与点P的轨迹有3个公共点的直线L不能是y轴，所以L的斜率存在.

(1) 当$k=0$时，直线L为$y=\frac{1}{2}$，它与⊙S有唯一公共点D且与双曲线T有异于D的另两个公共点，所以L与点P的轨迹恰有3个公共点.

(2) 将S与T的方程联立：

$8x^2+8y^2+12y-8=0$ ①　$8x^2-17y^2+12y-8=0$. ②

解得 $25y^2=0$，$y=0$，$x=\pm1$，即点$B(-1,0)$，$C(1,0)$. 可见⊙S与双曲线C相切，切点分别为B和C.

若直线L过点B或C，因B和C不在点P轨迹上，所以L只能与S，T各有一个公共点而不能共有3个公共点，故知$k\neq\pm\frac{1}{2}$.

当$k\neq0$，$\pm\frac{1}{2}$时，直线L与⊙S有两个不同的交点，由于L与点P的轨迹有3个公共点，所以L与双曲线T恰有1个公共点，即方程组

$$\begin{cases}8x^2-17y^2+12y-8=0\\ y=kx+\frac{1}{2}\end{cases}$$

接下一页下部

八 ~~含参数的~~不等式中的参数求值

1. 设n是自然数，对任意实数x, y, z恒有

$$(x^2+y^2+z^2)^2 \leq n(x^4+y^4+z^4) \quad ①$$

成立，求n的最小值。（1990年全国联赛一试二—3题）

解 令$a=x^2$，$b=y^2$，$c=z^2$，于是不等式①变成

$$(a+b+c)^2 \leq n(a^2+b^2+c^2) \quad ②$$

对所有非负实数a, b, c恒成立。因为

$$\begin{aligned}(a+b+c)^2 &= a^2+b^2+c^2+2ab+2bc+2ca \\ &\leq a^2+b^2+c^2+(a^2+b^2)+(b^2+c^2)+(c^2+a^2) \\ &= 3(a^2+b^2+c^2).\end{aligned}$$

这表明$n=3$时，不等式成立。故知所求的n的最小值不大于3。

另一方面，当$a=b=c>0$时，不等式②化成$9a^2 \leq 3na^2$。所以又有$n \geq 3$。

综上可知，所求的n的最小值为3。

接上页：恰有唯一解。消去y

$$8x^2-17\left(kx+\frac{1}{2}\right)^2+12\left(kx+\frac{1}{2}\right)-8=0$$

$$(8-17k^2)x^2-5kx-\frac{25}{4}=0.$$

由求根公式知，这个方程有唯一解当且仅当

$$\Delta = 25k^2+25(8-17k^2)=0 \text{ 或 } 8-17k^2=0.$$

前者解得$k=\pm\frac{\sqrt{2}}{2}$，后者解得$k=\pm\frac{2\sqrt{34}}{17}$。

综上可知，k的取值范围是有限集$\left\{0, \pm\frac{\sqrt{2}}{2}, \pm\frac{2\sqrt{34}}{17}\right\}$。

（2004年10月27日）

2. 设任意实数 $x_0>x_1>x_2>x_3>0$，已知不等式

$$\log_{\frac{x_0}{x_1}}1993+\log_{\frac{x_1}{x_2}}1993+\log_{\frac{x_2}{x_3}}1993\geqslant k\log_{\frac{x_0}{x_3}}1993 \quad ①$$

恒成立，求 k 的最大值．（1993年全国联赛一试二—5题）

解　由公式 $\log_a b=(\log_b a)^{-1}$ 知，原不等式①等价于

$$\frac{1}{\log_{1993}\frac{x_0}{x_1}}+\frac{1}{\log_{1993}\frac{x_1}{x_2}}+\frac{1}{\log_{1993}\frac{x_2}{x_3}}\geqslant k\frac{1}{\log_{1993}\frac{x_0}{x_1}\cdot\frac{x_1}{x_2}\cdot\frac{x_2}{x_3}}$$

$$=\frac{k}{\log_{1993}\frac{x_0}{x_1}+\log_{1993}\frac{x_1}{x_2}+\log_{1993}\frac{x_2}{x_3}}. \quad ②$$

令 $t_1=\log_{1993}\frac{x_0}{x_1}$，$t_2=\log_{1993}\frac{x_1}{x_2}$，$t_3=\log_{1993}\frac{x_2}{x_3}$，于是 t_1、t_2 和 t_3 都是正实数且不等式②化成

$$(t_1+t_2+t_3)\left(\frac{1}{t_1}+\frac{1}{t_2}+\frac{1}{t_3}\right)\geqslant k. \quad ③$$

由均值不等式知

$$(t_1+t_2+t_3)\left(\frac{1}{t_1}+\frac{1}{t_2}+\frac{1}{t_3}\right)\geqslant 9.$$

当且仅当 $t_1=t_2=t_3$ 时，即当 x_0、x_1、x_2、x_3 成等比级数时等号成立．

所以，所求的 k 的最大值为 9．

3. 设函数 $f(x)=ax^2+8x+3\ (a<0)$，对于给定的负数 a，有一个最大的正数 $l(a)$，使得在整个区间 $[0,l(a)]$ 上，不等式 $|f(x)|\leq 5$ 都成立。问当 a 为何值时 $l(a)$ 最大？求出这个最大的 $l(a)$，证明你的结论。（1998年全国联赛一试四题）

解 将二次函数 $f(x)$ 配方得

$$f(x)=a\left(x+\frac{4}{a}\right)^2+3-\frac{16}{a}.$$

因为 $a<0$，故有

$$\max_{x\in R} f(x)=3-\frac{16}{a}.$$

为求 $l(a)$ 的值，分两种情形进行讨论。

(1) $3-\frac{16}{a}>5$，即 $-8<a<0$ 时，$x=-\frac{4}{a}$ 时 $f(x)>5$ 已不满足不等式 $|f(x)|\leq 5$，故有

$$0<l(a)<-\frac{4}{a}.$$

所以，$l(a)$ 是方程 $ax^2+8x+3=5$ 的较小根，即有

$$l(a)=\frac{-8+\sqrt{64+8a}}{2a}=\frac{2}{4+\sqrt{16+2a}}<\frac{1}{2}.$$

(2) $3-\frac{16}{a}\leq 5$，即 $a\leq -8$ 时，

$$l(a)>-\frac{4}{a}.$$

所以，$l(a)$ 是方程 $ax^2+8x+3=-5$ 的较大根，即有

$$l(a)=\frac{-8-\sqrt{64-32a}}{2a}=\frac{4}{\sqrt{4-2a}-2}\leq\frac{4}{\sqrt{20}-2}=\frac{\sqrt{5}+1}{2}.$$

其中等号当且仅当 $a=-8$ 时成立。

综上可知，当 $a=-8$ 时，$l(a)$ 取得最大值 $\frac{\sqrt{5}+1}{2}$。

4. 设a，b，c是直角三角形的3边长，且c为斜边长．求最大常数M，使得

$$\left(\frac{1}{a}+\frac{1}{b}+\frac{1}{c}\right)(a+b+c)\geqslant M$$

《代数卷》9.39）

对所有直角三角形都成立．（1991年中国集训队测验题）

解 显然，问题等价于对所有直角三角形求函数

$$f(a,b,c)=\left(\frac{1}{a}+\frac{1}{b}+\frac{1}{c}\right)(a+b+c)$$

的最小值．

由均值不等式，有

$$\begin{aligned}f(a,b,c)&=3+\left(\frac{b}{a}+\frac{a}{b}\right)+\left(\frac{1}{a}+\frac{1}{b}\right)c+\frac{1}{c}(a+b)\\&\geqslant 5+(a+b)\left(\frac{c}{ab}+\frac{1}{c}\right)\geqslant 5+2\sqrt{ab}\left(\frac{c}{ab}+\frac{1}{c}\right)\\&=5+2\left(\frac{c}{\sqrt{ab}}+\frac{\sqrt{ab}}{c}\right).\end{aligned}$$

设a边所对的角为θ，于是$a=c\sin\theta$，$b=c\cos\theta$，代入上式得到

$$\begin{aligned}f(a,b,c)=g(\theta)&\geqslant 5+2\left(\frac{1}{\sqrt{\sin\theta\cos\theta}}+\sqrt{\sin\theta\cos\theta}\right)\\&=5+2\left(\sqrt{\frac{2}{\sin 2\theta}}+\sqrt{\frac{\sin 2\theta}{2}}\right).\end{aligned}$$

因为函数$h(t)=t+\frac{1}{t}$于$t=1$时取得最小值且当$0<t<1$时严减，当$1<t$时严增，故得

$$f(a,b,c)=g(\theta)\geqslant 5+3\sqrt{2},$$

其中等号成立当且仅当$a=b$．所以M的最大值为$5+3\sqrt{2}$．

5. 设$\lambda>0$为常数，求最大的实数C，使对任意非负实数x_1，x_2均有

$$x_1^2+x_2^2+\lambda x_1x_2\geqslant C(x_1+x_2)^2. \quad ①$$

（《钱朱奥数（第二）》72页例4）

解 (1)若$\lambda\geqslant2$，则有

$$x_1^2+x_2^2+\lambda x_1x_2\geqslant x_1^2+x_2^2+2x_1x_2=(x_1+x_2)^2.$$

可见，当$C\leqslant1$时不等式①恒成立。当$C>1$时，取$x_1=1$，$x_2=0$，则①式不再成立。故所求的最大实数$C=1$.

(2)当$0<\lambda<2$时，又有

$$x_1^2+x_2^2+\lambda x_1x_2=\frac{\lambda}{2}(x_1+x_2)^2+\left(1-\frac{\lambda}{2}\right)(x_1^2+x_2^2)$$

$$\geqslant\frac{\lambda}{2}(x_1+x_2)^2+\frac{1}{2}\left(1-\frac{\lambda}{2}\right)(x_1+x_2)^2=\frac{2+\lambda}{4}(x_1+x_2)^2.$$

这表明所求的最大实数$C\geqslant\frac{2+\lambda}{4}$.

另一方面，当$x_1=x_2=1$时，①式化成

$$2+\lambda\geqslant4C,\qquad C\leqslant\frac{2+\lambda}{4}.$$

所以，这时最大实数$C=\frac{2+\lambda}{4}$.

综上可知，满足要求的最大实数C为

$$C=\begin{cases}1, & \lambda\geqslant2.\\ \frac{2+\lambda}{4}, & 0<\lambda<2.\end{cases}$$

数形转换

6. 设对所有 $x\in[0,1]$，不等式

$$\left|\sqrt{1-x^2}-px-q\right|\le\frac{\sqrt{2}-1}{2}\qquad ①$$

恒成立，求实数对 (p,q) 的所有可能值.

（《钱朱奥数(高二)》73页例6）

解　不等式①等价于

$$\sqrt{1-x^2}-\frac{\sqrt{2}-1}{2}\le px+q\le\sqrt{1-x^2}+\frac{\sqrt{2}-1}{2}.\qquad ②$$

考察下列3个方程：

$$y_1=\sqrt{1-x^2}-\frac{\sqrt{2}-1}{2},\quad y_2=px+q,\quad y_3=\sqrt{1-x^2}+\frac{\sqrt{2}-1}{2}.\qquad ③$$

易见，第1、3两个方程各表示一个圆，而第2个方程是一条直线. 限制在 $[0,1]$ 上来看，前两者各是一段圆弧，而后者是一条线段. 不等式②表明，线段夹在两段圆弧之间.

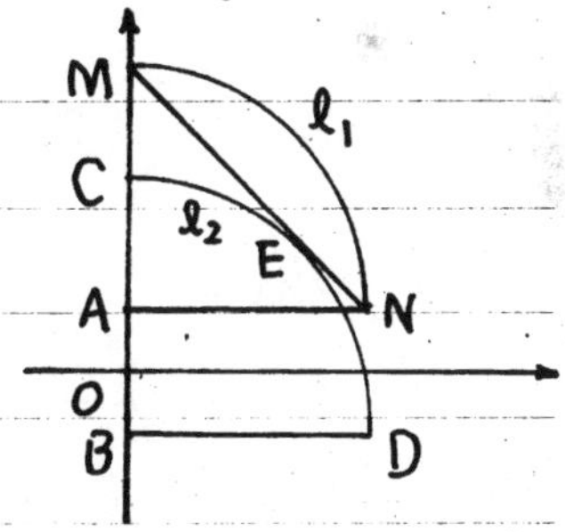

分别以点 $A\left(0,\frac{\sqrt{2}-1}{2}\right)$ 和 $B\left(0,-\frac{\sqrt{2}-1}{2}\right)$ 为圆心，1为半径作两个 $\frac{1}{4}$ 圆弧 $\overset{\frown}{MN}$ 和 $\overset{\frown}{CD}$. 连结 MN，则③中3个函数的图形分别为 $\overset{\frown}{CD}$，MN 和 $\overset{\frown}{MN}$（如图所示）. 显然，线段 MN 在 $\overset{\frown}{MN}$ 下方，即其上的点满足②中后一个不等式. 再看它是否满足②中前一个不等式. 直线 MN 的方程为

$$y=-x+\frac{\sqrt{2}+1}{2}.\qquad ④$$

将④与②中第1个方程联立，有

$$-x+\frac{\sqrt{2}+1}{2}=\sqrt{1-x^2}-\frac{\sqrt{2}-1}{2},\quad 2x^2-2\sqrt{2}x+1=0.$$

这个一元二次方程的判别式 $\Delta=0$，即只有唯一解，表明线段 MN 与 $\overset{\frown}{CD}$ 相切. 故满足题中要求的实数对 (p,q) 只有一对，即为 $\left(-1,\frac{\sqrt{2}+1}{2}\right)$.

7. 设 $a_1, a_2, \cdots, a_n$ 是给定的不全为0的实数，$r_1, r_2, \cdots, r_n$ 是实数. 如果不等式

$$\sum_{k=1}^{n} r_k(x_k - a_k) \leqslant \left(\sum_{k=1}^{n} x_k^2\right)^{\frac{1}{2}} - \left(\sum_{k=1}^{n} a_k^2\right)^{\frac{1}{2}} \qquad ①$$

对所有实数 $x_1, x_2, \cdots, x_n$ 都成立，求 $r_1, r_2, \cdots, r_n$ 的值.

（《代数卷》9.41）（1988年中国数学奥林匹克1题）

解　取 $x_1 = x_2 = \cdots = x_n = 0$，由①有

$$\sum_{k=1}^{n} r_k a_k \geqslant \left(\sum_{k=1}^{n} a_k^2\right)^{\frac{1}{2}}. \qquad ②$$

再取 $x_k = 2a_k$，$k = 1, 2, \cdots, n$，由①又有

$$\sum_{k=1}^{n} r_k a_k \leqslant \left(\sum_{k=1}^{n} a_k^2\right)^{\frac{1}{2}}. \qquad ③$$

由②和③得到

$$\sum_{k=1}^{n} r_k a_k = \left(\sum_{k=1}^{n} a_k^2\right)^{\frac{1}{2}}. \qquad ④$$

此外，由柯西不等式有

$$\sum_{k=1}^{n} r_k a_k \leqslant \left(\sum_{k=1}^{n} r_k^2\right)^{\frac{1}{2}} \left(\sum_{k=1}^{n} a_k^2\right)^{\frac{1}{2}}. \qquad ⑤$$

比较④，⑤两式，得到

$$\left(\sum_{k=1}^{n} r_k^2\right)^{\frac{1}{2}} \geqslant 1. \qquad ⑥$$

在①中取 $x_k = r_k$，$k = 1, 2, \cdots, n$，再由④式即得

$$\sum_{k=1}^{n} r_k^2 \leqslant \left(\sum_{k=1}^{n} r_k^2\right)^{\frac{1}{2}}. \quad \left(\sum_{k=1}^{n} r_k^2\right)^{\frac{1}{2}} \leqslant 1 \qquad ⑦$$

由⑥和⑦得到

$$\left(\sum_{k=1}^{n} r_k^2\right)^{\frac{1}{2}}=1. \quad ⑧$$

由④和⑧又得到

$$\sum_{k=1}^{n} r_k a_k=\left(\sum_{k=1}^{n} r_k^2\right)^{\frac{1}{2}}\left(\sum_{k=1}^{n} a_k^2\right)^{\frac{1}{2}}. \quad ⑨$$

这表明柯西不等式⑤中等号成立．从而有实数λ，使得

$$r_k=\lambda a_k,\ k=1,2,\cdots,n. \quad ⑩$$

将⑩代入④，得到 $\lambda=\left(\sum_{k=1}^{n} a_k^2\right)^{-\frac{1}{2}}$，再将λ之值代入⑩，得到

$$r_j=a_j\left(\sum_{k=1}^{n} a_k^2\right)^{-\frac{1}{2}},\ j=1,2,\cdots,n.$$

解2　取 $x_1\neq a_1$，$x_2=a_2$，$\cdots$，$x_n=a_n$，由①有

$$r_1(x_1-a_1)\leqslant\sqrt{x_1^2+a_2^2+\cdots+a_n^2}-\sqrt{a_1^2+a_2^2+\cdots+a_n^2}$$
$$=\frac{x_1^2-a_1^2}{\sqrt{x_1^2+a_2^2+\cdots+a_n^2}+\sqrt{a_1^2+a_2^2+\cdots+a_n^2}}. \quad ⑪$$

先取 $x_1>a_1$，于是 $x_1-a_1>0$．在⑪式两端约去 x_1-a_1，然后令 $x_1\to a_1^+$，便得

$$r_1\leqslant a_1\left(\sum_{k=1}^{n} a_k^2\right)^{-\frac{1}{2}}. \quad ⑫$$

再取 $x_1<a_1$，于是 $x_1-a_1<0$．在⑪式两端约去 x_1-a_1，不等式变向．然后令 $x_1\to a_1^-$，又得到

$$r_1\geqslant a_1\left(\sum_{k=1}^{n} a_k^2\right)^{-\frac{1}{2}}. \quad ⑬$$

将⑫与⑬结合起来即得

$$r_1=a_1\left(\sum_{k=1}^{n} a_k^2\right)^{-\frac{1}{2}}.$$

同理可得

$$r_j=a_j\left(\sum_{k=1}^{n} a_k^2\right)^{-\frac{1}{2}},\ j=2,3,\cdots,n.$$

参看

8. 求最小的实数 a，使对任何非负实数 x,y,z，$x+y+z=1$，都有

$$a(x^2+y^2+z^2)+xyz\geqslant \frac{a}{3}+\frac{1}{27}. \qquad ①$$

（《代数卷》9·40）（1991年中国集训队测验题）

解1 由 x,y,z 的对称性知，不妨设 $0\leqslant x\leqslant y\leqslant z$. 令

$$x=\frac{1}{3}+\delta_1,\quad y=\frac{1}{3}+\delta_2,\quad z=\frac{1}{3}+\delta_3, \qquad ②$$

于是有　　　　**小参数法**

$$\delta_1+\delta_2+\delta_3=0,\quad -\frac{1}{3}\leqslant\delta_1\leqslant 0,\quad 0\leqslant\delta_3\leqslant\frac{2}{3}. \qquad ③$$

将①式左端记为 I，并用新变量②来表示，我们有

$$I=\frac{a}{3}+\frac{1}{27}+a(\delta_1^2+\delta_2^2+\delta_3^2)+\frac{1}{3}(\delta_1\delta_2+\delta_2\delta_3+\delta_3\delta_1)+\delta_1\delta_2\delta_3.$$

由③中第1式平方可得，$\delta_1\delta_2+\delta_2\delta_3+\delta_3\delta_1=-\frac{1}{2}(\delta_1^2+\delta_2^2+\delta_3^2)$. 代入上式得到

$$I=\frac{a}{3}+\frac{1}{27}+\left(a-\frac{1}{6}\right)(\delta_1^2+\delta_2^2+\delta_3^2)+\delta_1\delta_2\delta_3. \qquad ④$$

可见，不等式①等价于不等式

$$J=\left(a-\frac{1}{6}\right)(\delta_1^2+\delta_2^2+\delta_3^2)+\delta_1\delta_2\delta_3\geqslant 0 \qquad ⑤$$

对所有满足③的 $\delta_1,\delta_2,\delta_3$ 都成立.

取 $\delta_1=-\frac{1}{3}$，$\delta_2=\delta_3=\frac{1}{6}$，于是 $\delta_1\delta_2\delta_3=-\frac{1}{108}$，$\delta_1^2+\delta_2^2+\delta_3^2=\frac{1}{9}+\frac{2}{36}=\frac{1}{6}$. 代入⑤，有

$$J_0=\left(a-\frac{1}{6}\right)\times\frac{1}{6}-\frac{1}{108}\geqslant 0.$$

解得 $a\geqslant\frac{2}{9}$.

另一方面，当 $a=\frac{2}{9}$ 时，若 $\delta_2\leqslant 0$，则⑤显然成立. 以下设 $\delta_2>0$. 由于 $\delta_1=-(\delta_2+\delta_3)$，故有

$$J=\frac{1}{18}(\delta_1^2+\delta_2^2+\delta_3^2)+\delta_1\delta_2\delta_3$$
$$=\frac{1}{18}(2\delta_2^2+2\delta_3^2+2\delta_2\delta_3)+\delta_1\delta_2\delta_3$$
$$=\frac{1}{9}(\delta_2-\delta_3)^2+\left(\frac{1}{3}+\delta_1\right)\delta_2\delta_3\geqslant 0,$$

即⑤成立，从而①成立.

综上可知，所求的最小实数 $a=\frac{2}{9}$.

从特殊值入手

解2 令 $x=0$，$y=z=\frac{1}{2}$，于是由①得

$$\frac{1}{2}a\geqslant\frac{a}{3}+\frac{1}{27},\quad \frac{a}{6}\geqslant\frac{1}{27},\quad a\geqslant\frac{2}{9}.$$

另一方面，当 $a=\frac{2}{9}$ 时，①式化为

$$\frac{2}{9}(x^2+y^2+z^2)+xyz\geqslant\frac{1}{9}.$$

齐次化法

$$2(x^2+y^2+z^2)+9xyz\geqslant 1.\qquad ⑥$$

注意到 $x+y+z=1$，将上式化为齐次式，有

$$2(x^2+y^2+z^2)(x+y+z)+9xyz\geqslant(x+y+z)^3,$$

$$\Longleftrightarrow 2(x^3+y^3+z^3)+2(x^2y+x^2z+y^2x+y^2z+z^2x+z^2y)+9xyz$$
$$-(x^3+y^3+z^3)-3(x^2y+x^2z+y^2x+y^2z+z^2x+z^3y)-6xyz\geqslant$$

$$\Longleftrightarrow (x^3+y^3+z^3)-(x^2y+x^2z+y^2x+y^2z+z^2x+z^2y)+3xyz\geqslant 0.$$

$$\Longleftrightarrow 2(x^3+y^3+z^3)-(x^2y+x^2z+y^2x+y^2z+z^2x+z^2y)$$
$$-(x^2y+x^2z+y^2x+y^2z+z^2x+z^2y)+6xyz\geqslant 0.\qquad ⑦$$

由于

$$x^3+y^3-x^2y-xy^2=(x+y)(x^2-xy+y^2)-xy(x+y)$$
$$=(x+y)(x-y)^2,$$

$$x^2y+z^2y-2xyz=y(x-z)^2.$$

所以⑦式又等价于

$$(x+y)(x-y)^2+(y+z)(y-z)^2+(z+x)(z-x)^2$$
$$-z(x-y)^2-x(y-z)^2-y(z-x)^2$$
$$=(x-y)^2(x+y-z)+(y-z)^2(y+z-x)+(z-x)^2(z+x-y)\geq 0.$$

不妨设 $x\leq y\leq z$，于是有

$$(x-y)^2(x+y-z)+(y-z)^2(y+z-x)+(z-x)^2(z+x-y)$$
$$\geq(x-y)^2(x+y-z)+(z-x)^2(z+x-y)$$
$$\geq(x-y)^2(x+y-z)+(y-x)^2(z+x-y)$$
$$=(y-x)^2 2x\geq 0,$$

即⑦成立，从而⑥式成立。

综上可知，所求的最小实数 $a=\frac{2}{9}$.

※ 解3　只证当 $a=\frac{2}{9}$ 时，①式成立，即证⑥式成立。

不妨设 $0\leq x\leq y\leq z$，于是 $x\leq\frac{1}{3}\leq z$.

$$2(x^2+y^2+z^2)+9xyz=2[(x+z)^2+y^2-2xz]+9xyz$$
$$=2[(1-y)^2+y^2]+xz(9y-4). \quad ⑧$$

若 $y\geq\frac{4}{9}$，则 $9y-4\geq 0$，于是有

$$2(x^2+y^2+z^2)+9xyz\geq 2[(1-y)^2+y^2]\geq 1,$$

即⑥成立。以下设 $y<\frac{4}{9}$，这时 $9y-4<0$.

$$2(x^2+y^2+z^2)+9xyz=2[(1-y)^2+y^2]-(4-9y)xz. \quad ⑨$$

令 $x'=\frac{1}{3}$，$z'=x+z-x'=1-y-\frac{1}{3}=\frac{2}{3}-y$，于是 $x\leq x', z'\leq z$.

由⑨式便有

$$2(x^2+y^2+z^2)+9xyz \geqslant 2\left[(1-y)^2+y^2\right]-(4-9y)x'z'$$

$$=2(x'^2+y^2+z'^2)+9x'yz'=\frac{2}{9}+2(y^2+z'^2)+3yz'$$

$$=\frac{2}{9}+2(y+z')^2-yz' \geqslant \frac{2}{9}+2\times\frac{4}{9}-\frac{1}{9}=1.$$

综上可知，所求之最小实数 $a=\frac{2}{9}$.

注 当 $x=y=z=\frac{1}{3}$ 时，不等式⑥中等号成立.

※解4 只证⑥式，即证

$$2(x^2+y^2+z^2)+9xyz \geqslant 1. \quad ⑥$$

不妨设 $x \leqslant y \leqslant z$，于是 $0 \leqslant x \leqslant \frac{1}{3}$.

$$2(x^2+y^2+z^2)+9xyz=2\left[x^2+(y+z)^2-2yz\right]+9xyz$$

$$=2\left[x^2+(1-x)^2\right]-(4-9x)yz$$

$$\geqslant 2(2x^2-2x+1)-(4-9x)\left(\frac{1-x}{2}\right)^2$$

$$=4x^2-4x+2-1+2x-x^2+\frac{9}{4}x-\frac{9}{2}x^2+\frac{9}{4}x^3$$

$$=\frac{9}{4}x^3-\frac{3}{2}x^2+\frac{1}{4}x+1=\frac{9}{4}x\left(x^2-\frac{2}{3}x+\frac{1}{9}\right)+1$$

$$=\frac{9}{4}x\left(x-\frac{1}{3}\right)^2+1 \geqslant 1,$$

即⑥式成立.

9. 设二次函数 $f(x)=ax^2+bx+c$ 对任何 $x\in[0,1]$，均有 $|f(x)|\le 1$，求 $|a|+|b|+|c|$ 的最大可能值.

（《代数卷》9.58）（1989年美斯科数学奥林匹克）

解 不妨设 $a>0$．由假设条件有

$$|c|=|f(0)|\le 1,\quad |a+b+c|=|f(1)|\le 1. \qquad ①$$

(1) 若 $b\geq 0$，则有

$$|a|+|b|+|c|=|a+b|+|c|\le |a+b+c|+2|c|\le 3. \qquad ②$$

(2) 若 $b\le -2a$，则 $a+b\le -a$，于是 $|a|\le |a+b|$，

$$|a|\le |a+b|\le |a+b+c|+|c|\le 2.$$

从而有

$$|b|=|a+b+c-a-c|\le |a+b+c|+|a|+|c|,$$

$$|a|+|b|+|c|\le |a+b+c|+2(|a|+|c|)\le 7. \qquad ③$$

(3) 设 $-2a<b<0$，于是 $0<-\frac{b}{2a}<1$，由假设有

$$\left|\frac{b^2}{4a}-c\right|=\left|f\left(-\frac{b}{2a}\right)\right|\le 1.$$

$$b^2\le 4a(1+c)\ (\le 16,\ |b|\le 4). \qquad ④$$

若 $|a|\le 2$，则像(2)中一样地可得③式．当 $a>2$ 时，

$$|a+b+c|\le 1,\quad -1\le a+b+c\le 1,\ -a-c-1\le b\le -a-c+1\le 0.$$

由此及④式得到

$$(1-a-c)^2\le b^2\le 4a(1+c).$$

$$1+a^2+c^2-2a-2c+2ac\le 4a+4ac$$

$$1+c^2-2c+a^2-6a-2ac\le 0$$

$$(1-c)^2+a^2-2a(3+c)\le 0 \qquad ⑤$$

解得一元二次方程 $a^2-2(3+c)a+(1-c)^2=0$ 的根为

$$a=\frac{1}{2}\left[2(3+c)\pm\sqrt{4(3+c)^2-4(1-c)^2}\right]$$

$$=(3+c)\pm\sqrt{8(1+c)}=(1+c)\pm 2\sqrt{2}\sqrt{1+c}+2$$

$$=\left(\sqrt{1+c}\pm\sqrt{2}\right)^2.$$

所以，不等式⑤的解为

$$2<a\leqslant\left(\sqrt{1+c}+\sqrt{2}\right)^2\leqslant 8,\quad |a|\leqslant 8.$$

由④又得

$$b^2\leqslant 4a(1+c)\leqslant 64,\quad |b|\leqslant 8.$$

从而有

$$|a|+|b|+|c|\leqslant 17.$$

另一方面，当 $a=8$，$b=-8$，$c=1$ 时，有

$$8x^2-8x+1=8\left(x^2-x+\frac{1}{8}\right)=8\left[\left(x-\frac{1}{2}\right)^2-\frac{1}{8}\right].$$

由于

$$-\frac{1}{8}\leqslant\left(x-\frac{1}{2}\right)^2-\frac{1}{8}\leqslant\frac{1}{8},\quad 0\leqslant x\leqslant 1,$$

所以

$$|8x^2-8x+1|\leqslant 1,\quad 0\leqslant x\leqslant 1.$$

综上可知，$|a|+|b|+|c|$ 的最大可能值为 17.

10　求最小正数λ，使对任一三角形的3边长a，b，c，只要$a\geqslant\frac{b+c}{3}$，就有

$$ac+bc-c^2\leqslant\lambda(a^2+b^2+3c^2+2ab-4bc). \quad ①$$

（《代数卷》9·62）（1993年中国集训队测验题）

解　改写

$$a^2+b^2+3c^2+2ab-4bc=(a+b-c)^2+2c^2+2ac-2bc$$
$$=(a+b-c)^2+2c(c+a-b).$$

令

$$I=\frac{(a+b-c)^2+2c(a+c-b)}{2c(a+b-c)}=\frac{a+b-c}{2c}+\frac{a+c-b}{a+b-c}. \quad ②$$

由于$a\geqslant\frac{1}{3}(b+c)$，故有$\frac{3}{4}a\geqslant\frac{1}{4}(b+c)$，

$$a\geqslant\frac{1}{4}(a+b+c)=\frac{1}{4}(a+b-c)+\frac{c}{2}.$$
$$a+c-b=2a-(a+b-c)\geqslant\frac{1}{2}(a+b-c)+c-(a+b-c)$$
$$=-\frac{1}{2}(a+b-c)+c. \quad ③$$

将③代入②，得到

$$I\geqslant\frac{a+b-c}{2c}-\frac{\frac{1}{2}(a+b-c)}{a+b-c}+\frac{c}{a+b-c}$$
$$=-\frac{1}{2}+\frac{a+b-c}{2c}+\frac{c}{a+b-c}\geqslant-\frac{1}{2}+2\sqrt{\frac{1}{2}}=\sqrt{2}-\frac{1}{2}, \quad ④$$

其中前一个不等式中等号成立当且仅当$a=\frac{1}{3}(b+c)$，后一个不等式中等号成立当且仅当$2c^2=(a+b-c)^2$。由④可得

$$\frac{c(a+b-c)}{a^2+b^2+3c^2+2ab-4bc}=\frac{1}{2I}\leqslant\frac{1}{2\sqrt{2}-1}=\frac{2\sqrt{2}+1}{7} \quad ⑤$$

其中等号成立的条件与④相同，即有

$a=\frac{1}{3}(b+c)$， $2c^2=(a+b-c)^2$.

不妨设 $c=1$，于是上面两式化为

$a=\frac{1}{3}(b+1)$；$3a=b+1$，$3a-b=1$ ⑥

$2=(a+b-1)^2$，$a+b-1=\sqrt{2}$， $a+b=\sqrt{2}+1$ ⑦

将⑥与⑦联立，解得 $a=\frac{\sqrt{2}}{4}+\frac{1}{2}$，$b=\frac{3\sqrt{2}}{4}+\frac{1}{2}$. 这表明当 $a=\frac{\sqrt{2}}{4}+\frac{1}{2}$，$b=\frac{3\sqrt{2}}{4}+\frac{1}{2}$，$c=1$ 时⑤中等号成立.

综上可知，所求的最小正数 $\lambda=\frac{2\sqrt{2}+1}{7}$.

11 求最大的正数λ，使得对任意实数a，b，均有

$$\lambda a^2b^2(a+b)^2\leqslant(a^2+ab+b^2)^3.$$ （《中等数学》2003-4）

解 当$ab\geqslant 0$时，由均值不等式有

$$\frac{a^2+ab+b^2}{3}=\frac{a^2+b^2+4ab+3(a^2+b^2)}{12}$$

$$\geqslant\frac{a^2+b^2+4ab+6ab}{12}=\frac{a^2+b^2+10ab}{12}$$

$$=\frac{(a+b)^2+8ab}{12}$$

$$=\frac{1}{3}\left[\frac{1}{4}(a+b)^2+ab+ab\right]\geqslant\sqrt[3]{\frac{a^2b^2(a+b)^2}{4}}$$

$$\therefore (a^2+ab+b^2)^3\geqslant\frac{27}{4}a^2b^2(a+b)^2, \qquad ①$$

其中等号成立当且仅当$a=b$.

当$ab<0$时，

$$\frac{a^2+ab+b^2}{3}=\frac{(a+b)^2-ab}{3}=\frac{1}{3}\left[(a+b)^2-\frac{1}{2}ab-\frac{1}{2}ab\right]$$

$$\geqslant\sqrt[3]{(a+b)^2\left(-\frac{1}{2}ab\right)\left(-\frac{1}{2}ab\right)}=\sqrt[3]{\frac{a^2b^2(a+b)^2}{4}}.$$

$$\therefore (a^2+ab+b^2)^3\geqslant\frac{27}{4}a^2b^2(a+b)^2, \qquad ②$$

其中等号成立，当且仅当$(a+b)^2=-\frac{1}{2}ab$，即$a=-\frac{1}{2}b$或$b=-\frac{a}{2}$.

将①与②结合起来即得

$$\frac{27}{4}a^2b^2(a+b)^2\leqslant(a^2+ab+b^2)^3,$$

且当$a=b$，$a=-\frac{b}{2}$或$a=-2b$时等号成立．故知所求的λ的最大值为$\frac{27}{4}$．

12　设 a,b,c 是直角三角形的三边长，且 $a\le b<c$，求最大常数 k，使得

$$a^2(b+c)+b^2(c+a)+c^2(a+b)\ge kabc \quad ①$$

对所有直角三角形都成立，并确定等号何时成立。

解　当 $\triangle ABC$ 为等腰直角三角形，即 $a=b$ 时，不等式①化为

$$a^2(a+\sqrt{2}a)+a^2(\sqrt{2}a+a)+2a^2(a+a)\ge \sqrt{2}a^3k$$

$$k\le 2+3\sqrt{2}.$$

从特殊情况入手

以下证明，k 的最大值就是 $2+3\sqrt{2}$。因为不等式①是齐次的，故不妨设 $c=1$。设 $\angle A=\theta$，于是 $0<\theta\le\frac{\pi}{4}$。令 $t=\sin\theta\cos\theta\le\frac{1}{2}(\sin^2\theta+\cos^2\theta)=\frac{1}{2}$，于是又有

$$\begin{aligned}
&a^2(b+c)+b^2(c+a)+c^2(a+b)\\
&=\sin^2\theta(\cos\theta+1)+\cos^2\theta(1+\sin\theta)+(\sin\theta+\cos\theta)\\
&=1+(\sin\theta+\cos\theta)(\sin\theta\cos\theta+1)\ge 1+2\sqrt{t}(t+1)\\
&\ge 1+2\sqrt{2}t(t+1)=\left(2\sqrt{2}t^2+\frac{\sqrt{2}}{2}\right)+2\sqrt{2}t+\left(1-\frac{\sqrt{2}}{2}\right)\\
&\ge 2\sqrt{2}t+2\sqrt{2}t+2\left(1-\frac{\sqrt{2}}{2}\right)t\quad\left(t\le\frac{1}{2},\ 2t\le 1,\ \sqrt{2}t\le\sqrt{t}\right)\\
&=(2+3\sqrt{2})t=(2+3\sqrt{2})\sin\theta\cos\theta=(2+3\sqrt{2})abc.
\end{aligned}$$

综上可知，所求的最大常数 k 为 $2+3\sqrt{2}$。

（《湖师大奥赛经典》《代数》173）

九 数列

1. 设$M_n=\{$（十进制）n位纯小数$0.\overline{a_1a_2\cdots a_n}\mid a_i$为0或1，$i=1,2,\cdots,n-1$，$a_n=1\}$，$T_n=|M_n|$，$S_n$是$M_n$中所有元素之和，求极限$\lim\limits_{n\to\infty}\dfrac{S_n}{T_n}$之值．（2003年全国联赛一试12题）

解 因为M_n中每个小数的小数点后均恰有n位，且除了最后一位数字必为1之外，其它每位数字均有两种不同值（0或1），故有$T_n=|M_n|=2^{n-1}$．

在M_n中的2^{n-1}个小数中，小数点后第n位上的数字全部是1，而其余各位数字都是0和1各占一半，故有

$$S_n=\frac{1}{2}\times 2^{n-1}\left(\frac{1}{10}+\frac{1}{10^2}+\cdots+\frac{1}{10^{n-1}}\right)+2^{n-1}\times\frac{1}{10^n}$$

$$=2^{n-2}\cdot\frac{\frac{1}{10}\left(1-\frac{1}{10^{n-1}}\right)}{1-\frac{1}{10}}+2^{n-1}\times\frac{1}{10^n}$$

$$=2^{n-2}\cdot\frac{1}{9}\left(1-\frac{1}{10^{n-1}}\right)+2^{n-1}\cdot\frac{1}{10^n}$$

所以有

$$\lim_{n\to\infty}\frac{S_n}{T_n}=\lim_{n\to\infty}\left\{\frac{1}{18}\left(1-\frac{1}{10^{n-1}}\right)+\frac{1}{10^n}\right\}=\frac{1}{18}.$$

注 若改为$a_i\in\{0,1,2\}$，$i=1,2,\cdots,n$，$a_n\neq0$，则有

$$T_n=|M_n|=2\times3^{n-1}.$$

$$S_n=\frac{2}{3}\times3^{n-1}\left(\frac{3}{10}+\frac{3}{10^2}+\cdots+\frac{3}{10^{n-1}}\right)+\frac{3}{10^n}\times3^{n-1}$$

$$=2\times3^{n-1}\times\frac{1}{9}\left(1-\frac{1}{10^{n-1}}\right)+\frac{3^n}{10^n}.$$

所以

$$\lim_{n\to\infty}\frac{S_n}{T_n}=\lim_{n\to\infty}\left\{\frac{1}{9}\left(1-\frac{1}{10^{n-1}}\right)+\frac{3}{2}\times\frac{1}{10^n}\right\}=\frac{1}{9}.$$

2. 设$\{a_n\}$为等差数列，$\{b_n\}$为等比数列，且$b_1=a_1^2$，$b_2=a_2^2$，$b_3=a_3^2\ (a_1<a_2)$，又$\lim\limits_{n\to\infty}(b_1+b_2+\cdots+b_n)=\sqrt{2}+1$. 试求$\{a_n\}$的首项与公差.　　　(2001年全国联赛一试13题)

解　设$\{a_n\}$的公差为d. 因为$a_1<a_2$，所以$d>0$. 又因$\{b_n\}$为等比数列，故有

$$a_1^2(a_1+2d)^2=(a_1+d)^4.$$

$$a_1(a_1+2d)=\pm(a_1+d)^2=\pm(a_1^2+2a_1d+d^2)$$

若上式右端取正号，则$d=0$，矛盾，故只能取负号，于是有

$$2a_1^2+4a_1d+d^2=0.$$

解得

$$d=(-2\pm\sqrt{2})a_1.$$

因为$d>0$，$-2\pm\sqrt{2}<0$，故$a_1<0$.

若$d=(-2-\sqrt{2})a_1$，则

$$q_1=\frac{b_2}{b_1}=\frac{a_2^2}{a_1^2}=\frac{[a_1+(-2-\sqrt{2})a_1]^2}{a_1^2}=(1+\sqrt{2})^2;$$

若$d=(+\sqrt{2}-2)a_1$，则

$$q_2=(\sqrt{2}-1)^2=3-2\sqrt{2}.$$

已知$\sqrt{2}+1=\lim\limits_{n\to\infty}(b_1+b_2+\cdots+b_n)=\lim\limits_{n\to\infty}\frac{b_1(1-q^n)}{1-q}$，所以有$|q|<1$，可见$q_1$不满足要求，$\{b_n\}$的公比为$q_2$. 于是上式极限式化为

$$\sqrt{2}+1=\frac{b_1}{1-q}=\frac{a_1^2}{1-(3-2\sqrt{2})}=\frac{a_1^2}{2\sqrt{2}-2}.$$

$$a_1^2=(\sqrt{2}+1)(2\sqrt{2}-2)=2(\sqrt{2}+1)(\sqrt{2}-1)=2.\quad a_1=-\sqrt{2}.$$

$$d=(\sqrt{2}-2)(-\sqrt{2})=2\sqrt{2}-2.$$

3. 如图，有一列曲线 $P_0, P_1, \cdots, P_n, \cdots$，已知 P_0 所围成的图形是面积为1的等边三角形．P_{k+1} 是对 P_k 进行如下操作而得到：将 P_k 的每条边3等分，然后以每边三等分后的中间部分为边，向形外作等边三角形，最后将原边的中间部分线段去掉．$k=0,1,2,\cdots$．设 S_n 为曲线 P_n 所围成图形的面积．

(i) 求数列 $\{S_n\}$ 的通项公式；

(ii) 求 $\lim\limits_{n\to\infty} S_n$．

(2002年全国联赛一试14题)

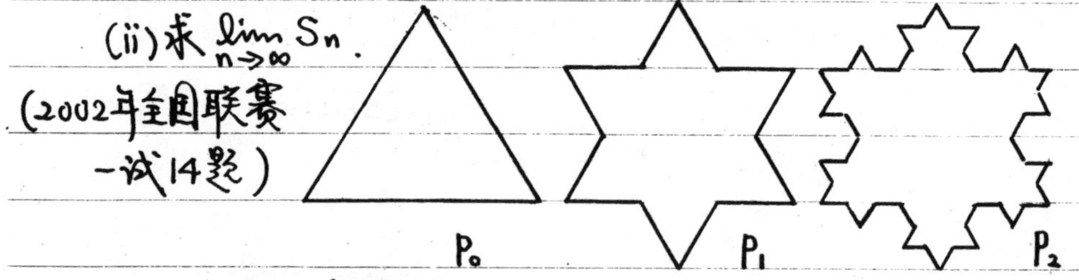

解　由操作规程可知，

(i) 对折线 P_k 操作一次而得到折线 P_{k+1} 时，P_k 的每条边都变成 P_{k+1} 的4条边，边长变为原边长的 $\frac{1}{3}$．由于 P_0 共有3条边，故 P_n 的边数为 3×4^n，$n=0,1,2,\cdots$．

(ii) 对折线 P_k 操作一次而得到 P_{k+1} 时，新增加的小正三角形的边长是折线 P_k 边长的 $\frac{1}{3}$，故面积是由 P_{k-1} 到 P_k 时增加的小正三角形的面积的 $\frac{1}{9}$．因此，产生折线 P_n 时新增加的小正三角形的面积为 9^{-n}，$n=1,2,\cdots$．

当由 P_k 经过一次操作而产生 P_{k+1} 时，由于折线 P_k 中的每条边都导致增加一个小正三角形，故全部新增加的小正三角形的面积总和为 $3\times4^k\times9^{-(k+1)}=\frac{3}{4}\left(\frac{4}{9}\right)^{k+1}$．故得递推关系式

$$S_{k+1}=S_k+\frac{3}{4}\left(\frac{4}{9}\right)^{k+1},\ k=0,1,2,\cdots.$$

由此递推即得

$$S_n=S_{n-1}+\frac{3}{4}\left(\frac{4}{9}\right)^n=S_{n-2}+\frac{3}{4}\left(\frac{4}{9}\right)^{n-1}+\frac{3}{4}\left(\frac{4}{9}\right)^n$$
$$=\cdots=1+\frac{3}{4}\cdot\frac{4}{9}+\frac{3}{4}\left(\frac{4}{9}\right)^2+\cdots+\frac{3}{4}\left(\frac{4}{9}\right)^{n-1}+\frac{3}{4}\left(\frac{4}{9}\right)^n$$
$$=1+\frac{3}{4}\left[\frac{4}{9}+\left(\frac{4}{9}\right)^2+\cdots+\left(\frac{4}{9}\right)^n\right]$$
$$=1+\frac{3}{4}\,\frac{\frac{4}{9}\left[1-\left(\frac{4}{9}\right)^n\right]}{1-\frac{4}{9}}=1+\frac{3}{5}\left[1-\left(\frac{4}{9}\right)^n\right]=\frac{8}{5}-\frac{3}{5}\left(\frac{4}{9}\right)^n.$$

所以有

$$\lim_{n\to\infty}S_n=\lim_{n\to\infty}\left[\frac{8}{5}-\frac{3}{5}\left(\frac{4}{9}\right)^n\right]=\frac{8}{5}.$$

注 从上面运算可知 $\{S_n\}$ 的极限值是有限数，但是 $\{l(P_n)\}$，即 P_n 的长度的极限值却是 $+\infty$。因为由(i)中推导可知，P_n 的边数是 3×4^n 个，而每条边的长度为 3^{-n}，所以曲线 P_n 的长度 $l(P_n)$ 为

$$l(P_n)=3\times4^n\times3^{-n}=3\times\left(\frac{4}{3}\right)^n\to+\infty\quad(n\to\infty).$$

注2 若将此题改为：有一列曲面 $C_0,C_1,C_2,\cdots,C_n,\cdots$，已知曲面 C_0 所围成的图形是体积为1的正四面体。C_{k+1} 是对 C_k 进行如下操作而得到：将 C_k 的每个面的正三角形用3条中位线划分成4个小正三角形，称3边中点为顶点的正三角形为中位三角形，以它为底向形外作小正四面体，最后将那底面擦去，$k=0,1,2,\cdots$。设 V_n 为曲面 C_n 所围成的图形的体积。

(i) 求 $\{V_n\}$ 的通项公式；

(ii) 求 $\lim\limits_{n\to\infty}V_n$，$\lim\limits_{n\to\infty}C_n$（这里 C_n 表示曲面 C_n 的面积）。

数列

※3′ 有一列曲面$C_0, C_1, C_2, \cdots, C_n, \cdots$，已知曲面$C_0$所围成的图形是体积为1的正四面体。$C_{k+1}$是对曲面$C_k$进行如下操作而得到：将$C_k$的每个面的正三角形用3条中位线划分成4个小正三角形，称其中以原三角形3边中点为顶点的正三角形为中位三角形，以之为底向形外作小正四面体，最后将原底面擦去，$k=0,1,2,\cdots$。设曲面C_n所围的体积为V_n。

(i)求$\{V_n\}$的通项公式；

(ii)求$\lim\limits_{n\to\infty} V_n$和$\lim\limits_{n\to\infty} C_n$(这里$C_n$表示面积)。

解 (1)对曲面C_k操作一次而得到C_{k+1}，C_k的每个面都变成C_{k+1}的6个面，面积是原面积的$\frac{1}{4}$。由于C_0有4个面，所以C_n的面数为4×6^n，$n=1,2,\cdots$。

(2)对曲面C_k每操作一次而得到C_{k+1}，新增加的小四面体的棱长是原长的一半，故体积是原四面体体积的$\frac{1}{8}$。

当曲面由C_k变到C_{k+1}时，C_k的每个面都新增加一个小四面体，故新增加的所有小正四面体的体积之和为

$$4\times 6^n\times 8^{-n-1}=\frac{2}{3}\times\left(\frac{3}{4}\right)^{n+1},\ n=1,2,\cdots.$$

故得递推关系式

$$V_{k+1}=V_k+\frac{2}{3}\times\left(\frac{3}{4}\right)^{k+1},\ k=0,1,2,\cdots.$$

由此递推即得

$$V_n=1+\frac{2}{3}\cdot\frac{\frac{3}{4}\left[1-\left(\frac{3}{4}\right)^n\right]}{1-\frac{3}{4}}=1+2\left[1-\left(\frac{3}{4}\right)^n\right].$$

$$\lim_{n\to\infty} V_n=3.$$

(2005.10.11)

4. 设 a_n 是 $(3-\sqrt{x})^n$ 的展开式中 x 次的系数，$n=2,3,4,\cdots$，求极限 $\lim\limits_{n\to\infty}\left(\frac{3^2}{a_2}+\frac{3^3}{a_3}+\cdots+\frac{3^n}{a_n}\right)$。（2000年全国联赛一试二—2题）

解 由二项式展开定理知

$$a_k=C_k^2 3^{k-2}, \quad k=2,3,\cdots,n.$$

于是有

$$\frac{3^k}{a_k}=\frac{3^k}{C_k^2 3^{k-2}}=\frac{2\times 3^2}{k(k-1)}=18\left(\frac{1}{k-1}-\frac{1}{k}\right), \quad k=2,3,\cdots,n.$$

从而有

$$\lim_{n\to\infty}\left(\frac{3^2}{a_2}+\frac{3^3}{a_3}+\cdots+\frac{3^n}{a_n}\right)$$

$$=\lim_{n\to\infty}18\left(1-\frac{1}{2}+\frac{1}{2}-\frac{1}{3}+\cdots+\frac{1}{n-1}-\frac{1}{n}\right)$$

$$=\lim_{n\to\infty}18\left(1-\frac{1}{n}\right)=18.$$

5. $n^2(n\geqslant 4)$个正数排成n行n列的方形数阵

$$\begin{matrix} a_{11} & a_{12} & a_{13} & a_{14} & \cdots & a_{1n} \\ a_{21} & a_{22} & a_{23} & a_{24} & \cdots & a_{2n} \\ a_{31} & a_{32} & a_{33} & a_{34} & \cdots & a_{3n} \\ a_{41} & a_{42} & a_{43} & a_{44} & \cdots & a_{4n} \\ \vdots & & & & & \vdots \\ a_{n1} & a_{n2} & a_{n3} & a_{n4} & \cdots & a_{nn} \end{matrix}$$

其中每一行的数成等差数列，每一列的数成等比数列，并且所有公比都相等．已知$a_{24}=1$，$a_{42}=\frac{1}{8}$，$a_{43}=\frac{3}{16}$，求

(i) $S_n=a_{11}+a_{22}+a_{33}+a_{44}+\cdots+a_{nn}$；

(ii) $\lim\limits_{n\to\infty}S_n$．　　（1990年全国联赛一试四题）

解　设第4行数列公差为d而各列数列的公比为q，于是有

$$d=a_{43}-a_{42}=\frac{3}{16}-\frac{1}{8}=\frac{1}{16}.$$

$$a_{41}=a_{42}-d=\frac{1}{8}-\frac{1}{16}=\frac{1}{16}.$$

$$a_{4k}=a_{41}+(k-1)d=\frac{1}{16}+(k-1)\frac{1}{16}=\frac{k}{16},\ k=1,2,\cdots,n.$$

又因各列数列都是等比数列且公比皆为q，故又有

$$\frac{1}{4}=a_{44}=a_{24}q^2=q^2.\quad \therefore q=\pm\frac{1}{2}.$$

因为数阵中所有数皆为正，所以$q>0$．从而$q=\frac{1}{2}$．于是又有

$$a_{kk}=a_{4k}\cdot q^{k-4}=\frac{k}{16}\times 2^{4-k}=\frac{k}{2^k},\ k=1,2,\cdots,n.$$

所以

$$S_n=a_{11}+a_{22}+a_{33}+\cdots+a_{nn}=\frac{1}{2}+\frac{2}{4}+\frac{3}{8}+\cdots+\frac{n}{2^n}.$$

将上式乘以$\frac{1}{2}$，得到

$$\frac{1}{2}S_n=\frac{1}{4}+\frac{2}{8}+\frac{3}{16}+\cdots+\frac{1}{2}\frac{n}{2^n}.$$

两式相减，得到

$$\frac{1}{2}S_n=\frac{1}{2}+\frac{1}{4}+\frac{1}{8}+\frac{1}{16}+\cdots+\frac{1}{2^n}-\frac{n}{2^{n+1}}$$

$$=1-\frac{1}{2^n}-\frac{n}{2^{n+1}}.$$

$$S_n=2-\frac{1}{2^{n-1}}-\frac{n}{2^n}.$$

(ii) $\lim\limits_{n\to\infty}S_n=\lim\limits_{n\to\infty}\left(2-\frac{1}{2^{n-1}}-\frac{n}{2^n}\right)=2.$

注 (ii)是后加的.

6. 设正数列$\{a_n\}$满足关系式

$$\sqrt{a_na_{n-2}}-\sqrt{a_{n-1}a_{n-2}}=2a_{n-1},\quad n\geqslant 2, \qquad ①$$

且$a_0=a_1=1$，求$\{a_n\}$的通项公式.（1993年全国联赛一试五题）

解 将①式改写成

$$\sqrt{a_na_{n-2}}=2\sqrt{a_{n-1}a_{n-1}}+\sqrt{a_{n-1}a_{n-2}}.$$

两端同除以$\sqrt{a_{n-1}a_{n-2}}$，得到

$$\sqrt{\frac{a_n}{a_{n-1}}}=2\sqrt{\frac{a_{n-1}}{a_{n-2}}}+1,\quad n\geqslant 2. \qquad ②$$

由此递推，便得

$$\sqrt{\frac{a_n}{a_{n-1}}}=1+2\sqrt{\frac{a_{n-1}}{a_{n-2}}}=1+2+4\sqrt{\frac{a_{n-2}}{a_{n-3}}}$$

$$=1+2+2^2+\cdots+2^{n-2}+2^{n-1}\sqrt{\frac{a_1}{a_0}}$$

$$=1+2+2^2+\cdots+2^{n-2}+2^{n-1}=2^n-1.$$

由此平方又得递推公式

$$a_n=(2^n-1)^2a_{n-1},\quad n=1,2,\cdots. \qquad ③$$

按③式递推即得

$$a_n=(2^n-1)^2a_{n-1}=(2^n-1)^2(2^{n-1}-1)^2a_{n-2}$$

$$=(2^n-1)^2(2^{n-1}-1)^2\cdots(2^2-1)^2a_1$$

$$=\prod_{k=1}^{n}(2^k-1)^2,\quad n=1,2,\cdots.$$

所以，a_n的通项公式为

$$a_n=\begin{cases}1, & 当\ n=0,\\ \prod\limits_{k=1}^{n}(2^k-1)^2, & n=1,2,\cdots.\end{cases}$$

7. 设数列$\{a_n\}$的前n项之和$S_n=2a_n-1$，$n=1,2,\cdots$，数列$\{b_n\}$满足$b_1=3$，$b_{k+1}=a_k+b_k$，$k=1,2,\cdots$. 求数列$\{b_n\}$的前n项和S'_n与极限$\lim\limits_{n\to\infty}2^{-n}S'_n$.（1996年全国联赛二试一题）

解1 ∵ $S_n=2a_n-1$，$n=1,2,\cdots$，

∴ $a_1=S_1=2a_1-1$. ∴ $a_1=1$.

$$a_k=S_k-S_{k-1}=(2a_k-1)-(2a_{k-1}-1)=2a_k-2a_{k-1}.$$

∴ $a_k=2a_{k-1}$，$k=2,3,\cdots$.

这表明$\{a_n\}$是首项为1，公比为2的等比数列.

∵ $b_1=3$，$b_{k+1}=a_k+b_k$，$k=1,2,\cdots$，

∴ 在上式中依次取$k=1,2,\cdots,n$，有

$$b_2=a_1+b_1,$$
$$b_3=a_2+b_2,$$
$$\vdots$$
$$b_n=a_{n-1}+b_{n-1}.$$

将这$n-1$个等式相加，得到

$$b_n=S_{n-1}+b_1=\frac{2^{n-1}-1}{2-1}+3=2^{n-1}+2.$$

所以，数列$\{b_n\}$的前n项之和为

$$S'_n=\sum_{k=1}^{n}(2^{k-1}+2)=\sum_{k=0}^{n-1}2^k+2n=2^n+2n-1.$$

于是又有

$$\lim_{n\to\infty}2^{-n}S'_n=\lim_{n\to\infty}2^{-n}(2^n+2n-1)=\lim_{n\to\infty}\left(1+\frac{2n-1}{2^n}\right)=1.$$

解2　解1中已经导出，$\{a_n\}$是首项为1，公比为2的等比数列，故有

$$a_k = 2^{k-1},\quad k=1,2,\cdots.$$

$\because\ b_{k+1} = a_k + b_k,\ k=1,2,\cdots,$

$\therefore\ b_{k+1} = b_k + 2^{k-1}$，这是$\{b_n\}$的递推公式.

$$\therefore\ b_{k+1} = b_{k-1} + 2^{k-2} + 2^{k-1} = \cdots$$
$$= b_1 + (1+2+\cdots+2^{k-1}) = 3 + 2^k - 1 = 2^k + 2.$$

$$\therefore\ S'_n = \sum_{k=1}^{n} b_k = 3 + \sum_{k=2}^{n}(2^{k-1}+2) = \sum_{k=1}^{n}(2^{k-1}+2)$$
$$= \sum_{k=0}^{n-1} 2^k + 2n = 2^n - 1 + 2n = 2^n + 2n - 1.$$

注 “求极限$\lim\limits_{n\to\infty} 2^{-n} S'_n$”是后加的.

8　将边长为1的等边△ABC的底边BC等分成n等分，分点依次为$P_1,P_2,\cdots,P_{n-1}$，求

$$a_n=\overrightarrow{AB}\cdot\overrightarrow{AP_1}+\overrightarrow{AP_1}\cdot\overrightarrow{AP_2}+\overrightarrow{AP_2}\cdot\overrightarrow{AP_3}+\cdots+\overrightarrow{AP_{n-1}}\cdot\overrightarrow{AC}$$

之值.　　　　（2004年天津市预赛题）

解　将B和C分别记为P_0，P_n，于是

$$a_n=\sum_{k=1}^{n}\overrightarrow{AP_{k-1}}\cdot\overrightarrow{AP_k}. \quad ①$$

由余弦定理有

$$AP_k^2=AP_0^2+P_0P_k^2-2AP_0\cdot P_0P_k\cos 60^\circ$$
$$=1+\left(\frac{k}{n}\right)^2-2\times1\times\frac{k}{n}\times\frac{1}{2}=1+\left(\frac{k}{n}\right)^2-\frac{k}{n},\ k=0,1,\cdots,n.$$

记$\angle P_{k-1}AP_k=\alpha_k$，于是由余弦定理又有

$$\cos\alpha_k=\frac{AP_{k-1}^2+AP_k^2-P_{k-1}P_k^2}{2AP_{k-1}\cdot AP_k}=\frac{1+\left(\frac{k-1}{n}\right)^2-\frac{k-1}{n}+1+\left(\frac{k}{n}\right)^2-\frac{k}{n}-\left(\frac{1}{n}\right)^2}{2|\overrightarrow{AP_{k-1}}||\overrightarrow{AP_k}|}$$

$$=\frac{1}{2|\overrightarrow{AP_{k-1}}||\overrightarrow{AP_k}|}\left(2+\frac{2k^2-2k}{n^2}-\frac{2k-1}{n}\right) \quad ②$$

$$\therefore\ \overrightarrow{AP_{k-1}}\cdot\overrightarrow{AP_k}=|\overrightarrow{AP_{k-1}}||\overrightarrow{AP_k}|\cos\alpha_k=\frac{1}{2}\left(2+\frac{2(k^2-k)}{n^2}-\frac{2k-1}{n}\right)$$
$$=1+\frac{k^2-k}{n^2}-\frac{2k-1}{2n},\quad k=1,2,\cdots,n.$$

$$\therefore\ a_n=\sum_{k=1}^{n}\overrightarrow{AP_{k-1}}\cdot\overrightarrow{AP_k}=\sum_{k=1}^{n}\left(1+\frac{k^2-k}{n^2}-\frac{2k-1}{2n}\right)$$
$$=n+\frac{1}{n^2}\sum k^2-\frac{1}{n^2}\sum k-\frac{1}{2n}\sum(2k-1)$$
$$=n+\frac{1}{n^2}\left(\frac{1}{6}n(n+1)(2n+1)-\frac{1}{2}n(n+1)\right)-\frac{n}{2}$$
$$=\frac{n}{2}+\frac{(n+1)(2n+1)-3(n+1)}{6n}=\frac{5n^2-2}{6n}.$$

9. 设数列$\{a_n\}$满足$a_1=a_2=1$，$a_3=2$，且对任何正整数n，都有$a_na_{n+1}a_{n+2}\neq 1$，又$a_na_{n+1}a_{n+2}a_{n+3}=a_n+a_{n+1}+a_{n+2}+a_{n+3}$，求$S_{100}=a_1+a_2+\cdots+a_{100}$之值.（1992年全国联赛一试二-5题）

解 $\because a_1a_2a_3a_4=a_1+a_2+a_3+a_4$且$a_1=a_2=1$，$a_3=2$，

$\therefore 2a_4=4+a_4$. $\therefore a_4=4$.

由已知，对每个正整数n，都有

$$a_na_{n+1}a_{n+2}a_{n+3}=a_n+a_{n+1}+a_{n+2}+a_{n+3},$$

$$a_{n+1}a_{n+2}a_{n+3}a_{n+4}=a_{n+1}+a_{n+2}+a_{n+3}+a_{n+4}.$$

两式相减，得到

$$(a_{n+4}-a_n)a_{n+1}a_{n+2}a_{n+3}=a_{n+4}-a_n,$$

$$(a_{n+4}-a_n)(a_{n+1}a_{n+2}a_{n+3}-1)=0. \quad ①$$

$\because a_{n+1}a_{n+2}a_{n+3}\neq 1$，$\therefore a_{n+4}=a_n$，即$\{a_n\}$为周期数列且周期为4.

$\therefore S_{100}=25\times(a_1+a_2+a_3+a_4)=200$.

注 若去掉条件$a_na_{n+1}a_{n+2}\neq 1$，则结论照样成立. 这时因为$a_2a_3a_4=8\neq 1$，故由①得$a_5=a_1$. 又因$a_3a_4a_5=8$，由①又有$a_6=a_2$. 因$a_4a_5a_6=4\neq 1$，由①又有$a_7=a_3$. 因$a_5a_6a_7=2\neq 1$，所以$a_8=a_4$. 同样地可证$\{a_n\}$是以4为周期的数列.

10．将与105互素的所有正整数从小到大排成数列，试求出这个数列的第1000项．（1994年全国联赛二试二题）

解　所有正整数的数列中的数与105互素的状态以105为周期，故可先考察$S=\{1,2,\cdots,105\}$中与105互素的正整数的个数．

令$M_3=\{3k\mid k=1,2,\cdots,35\}$，$M_5=\{5k\mid k=1,2,\cdots,21\}$，$M_7=\{7k\mid k=1,2,\cdots,15\}$．于是由容斥原理有

$$\begin{aligned}|M_3\cup M_5\cup M_7|&=|M_3|+|M_5|+|M_7|-|M_3\cap M_5|-|M_3\cap M_7|\\&\quad-|M_5\cap M_7|+|M_3\cap M_5\cap M_7|\\&=35+21+15-7-5-3+1=57.\end{aligned}$$

所以，若将S中与105互素的数所成的子集记为S_1，则有

$$|S_1|=|S-M_3\cup M_5\cup M_7|=|S|-|M_3\cup M_5\cup M_7|=48.$$

这表明，从1算起，每105个数中都有48个数与105互素．所以$\{1,2,\cdots,2205\}$中，与105互素的数的个数为$48\times21=1008$．这1008个数中的倒数第9项即为所求的第1000项．

考察从2205向回排的正整数数列：

~~2205~~，2204，2203，~~2202~~，2201，~~2200~~，~~2199~~，~~2198~~，2197，~~2196~~，~~2195~~，2194，~~2193~~，2192，~~2191~~，~~2190~~，2189，2188，~~2187~~，2186，~~2185~~，~~2184~~，2183，

然后用爱氏筛法划去3，5，7的倍数，即与105不互素的数，便得所求的第1000项为2186．

$n=1,2,\cdots$

11. 设数列$\{a_n\}$的前n项和S_n与a_n的关系为$S_n=-ba_n+1-\frac{1}{(1+b)^n}$，其中$b$是与$n$无关的常数，且$b\neq-1$. 求

(i) a_n与a_{n-1}的关系式；

(ii) 用n与b表示的a_n的通项公式.（《題王大全》165页例4）

解 (i) 按已知有

$$a_1=S_1=-ba_1+1-\frac{1}{1+b},\quad (1+b)a_1=\frac{b}{1+b},\quad a_1=\frac{b}{(1+b)^2}.$$

当$n\geqslant 2$时，又有

$$a_n=S_n-S_{n-1}=-ba_n+1-\frac{1}{(1+b)^n}+ba_{n-1}-1+\frac{1}{(1+b)^{n-1}}$$
$$=ba_{n-1}-ba_n+\frac{b}{(1+b)^n}.$$

$$\therefore a_n=\frac{b}{1+b}a_{n-1}+\frac{b}{(1+b)^{n+1}}. \quad ①$$

(ii) 将①式两端同时乘以$\left(\frac{1+b}{b}\right)^n$，得到

$$\left(\frac{1+b}{b}\right)^n a_n=\left(\frac{1+b}{b}\right)^{n-1}a_{n-1}+\frac{1}{(1+b)b^{n-1}}. \quad ②$$

令$c_n=\left(\frac{1+b}{b}\right)^n a_n$，于是②式化为

$$c_n=c_{n-1}+\frac{1}{(1+b)b^{n-1}},\quad n\geqslant 2. \quad ②'$$

由②′式递推，得到

$$c_n=c_1+\frac{1}{1+b}\left(\frac{1}{b}+\frac{1}{b^2}+\cdots+\frac{1}{b^{n-1}}\right). \quad ③$$

由于$c_1=\frac{1+b}{b}a_1=\frac{1}{1+b}$，代入③即得

$$c_n=\frac{1}{1+b}\left(1+\frac{1}{b}+\frac{1}{b^2}+\cdots+\frac{1}{b^{n-1}}\right)=\frac{1}{1+b}\cdot\frac{1-\frac{1}{b^n}}{1-\frac{1}{b}}$$
$$=\frac{b(1-b^n)}{(1+b)(1-b)b^n},\quad b\neq 1. \quad ④$$

当$b=1$时，直接由④中第1式即得

$$c_n=\frac{n}{2}.$$

从而有

$$a_n=\begin{cases}\left(\dfrac{b}{1+b}\right)^n\dfrac{b(1-b^n)}{(1+b)(1-b)b^n}=\dfrac{b(1-b^n)}{(1+b)^{n+1}(1-b)}, & b\neq 1,\\ \dfrac{n}{2}\left(\dfrac{1}{2}\right)^n=\dfrac{n}{2^{n+1}}, & b=1,\end{cases}$$

此即 a_n 的通项公式.

12．各项皆为实数的等差数列的公差为4，其首项的平方与其余各项之和不超过100．这样的数列最多有多少项？

（1998年全国联赛一试二-4题）

解　设一个这样的数列共有n项，首项为a_1，于是由已知有

$$100 \geq a_1^2 + a_2 + a_3 + \cdots + a_n$$
$$= a_1^2 + \frac{1}{2}\{(a_1+4) + [a_1 + 4(n-1)]\}(n-1)$$
$$= a_1^2 + (n-1)a_1 + 2n(n-1).$$

亦即有

$$a_1^2 + (n-1)a_1 + (2n^2 - 2n - 100) \leq 0. \quad ①$$

因为a_1为一元二次不等式①的解，故有

$$0 \leq \Delta = (n-1)^2 - 4(2n^2 - 2n - 100) = -7n^2 + 6n + 401,$$
$$7n^2 - 6n - 401 \leq 0. \quad ②$$

解②得到$n_1 \leq n \leq n_2$，其中

$$n_1 = \frac{1}{7}(3 - \sqrt{2816}) < 0, \quad 8 < n_2 = \frac{1}{7}(3 + \sqrt{2816}) < 9.$$

所以，满足题中要求的数列至多8项．　　$53^2 = 2809$

注　当$n=8$时，不等式①化成

$$a_1^2 + 7a_1 + 12 \leq 0, \quad (a_1+3)(a_1+4) \leq 0.$$

解得$-4 \leq a_1 \leq -3$．当取$a_1 = -4$时，8项等差数列为

$$-4, 0, 4, 8, 12, 16, 20, 24.$$

且有　$16 + 0 + 4 + 8 + 12 + 16 + 20 + 24 = 100$．故这样的数列最多有8项．

当$a_1 = -3$时，8项数列为-3．即：8项数列为$-3, 1, 5, 9, 13, 17, 21, 25$

$9 + 1 + 5 + 9 + 13 + 17 + 21 + 25 = 100$.

316

13. 设数列$\{a_n\}$满足

$$a_1=1,\ a_{n+1}=\frac{a_n}{2}+\frac{1}{4a_n},\ n=1,2,\cdots. \quad ①$$

求证当$n>1$时，$\sqrt{\frac{2}{2a_n^2-1}}$为自然数.（1991年全苏数学冬令营）

证 因为函数

$$f(x)=\frac{1}{2}\left(x+\frac{1}{2x}\right)$$

于$x=\frac{\sqrt{2}}{2}$时取得最小值$f\left(\frac{\sqrt{2}}{2}\right)=\frac{\sqrt{2}}{2}$且当$x>0$，$x\neq\frac{\sqrt{2}}{2}$时，均有$f(x)>\frac{\sqrt{2}}{2}$. 从而由归纳法易证

$$a_n>\frac{\sqrt{2}}{2},\ n=1,2,\cdots. \quad ②$$

令

$$b_n=\sqrt{\frac{2}{2a_n^2-1}},\ n=1,2,\cdots. \quad ③$$

于是$b_1=\sqrt{2}$，而当$n\geq 2$时，由①有

$$2a_n^2-1=2\left(\frac{a_{n-1}}{2}+\frac{1}{4a_{n-1}}\right)^2-1=2\left(\frac{a_{n-1}}{2}-\frac{1}{4a_{n-1}}\right)^2.$$

又因$a_{n-1}>\frac{\sqrt{2}}{2}$，所以$\frac{a_{n-1}}{2}-\frac{1}{4a_{n-1}}>0$，故有

$$b_n=\frac{1}{\frac{a_{n-1}}{2}-\frac{1}{4a_{n-1}}}=\frac{4a_{n-1}}{2a_{n-1}^2-1}=2b_{n-1}^2a_{n-1}. \quad ④$$

由③又有

$$2a_{n-1}^2-1=\frac{2}{b_{n-1}^2},\quad a_{n-1}^2=\frac{1}{b_{n-1}^2}+\frac{1}{2}$$

将此代入④式后平方，得到

$$b_n^2=4b_{n-1}^4a_{n-1}^2=4b_{n-1}^4\left(\frac{1}{b_{n-1}^2}+\frac{1}{2}\right)=4b_{n-1}^2\left(1+\frac{1}{2}b_{n-1}^2\right). \quad ⑤$$

当$n\geq 3$时，将用⑤式表达的$b_{n-1}^2=4b_{n-2}^2\left(1+\frac{1}{2}b_{n-2}^2\right)$代入⑤式，得到

$$b_n^2=4b_{n-1}^2\left[1+2b_{n-2}^2\left(1+\frac{1}{2}b_{n-2}^2\right)\right]$$

$$= 4b_{n-1}^2(1+2b_{n-2}^2+b_{n-2}^4) = 4b_{n-1}^2(1+b_{n-2}^2)^2.$$

$$b_n = 2b_{n-1}(1+b_{n-2}^2),\ n=3,4,\cdots. \qquad ⑥$$

由①和③知 $a_2=\frac{3}{4}$，$b_2=4$。又因 $b_1=\sqrt{2}$，所以由⑥知，当 $n\geqslant 3$ 时，所有 b_n 都是自然数。从而当 $n>1$ 时，所有 b_n 都是自然数。

·317 14. 试证任何3个不同质数的立方根不可能是一个等差数列中的3项（不一定是连续3项）． （1973年美国数学奥林匹克竞赛5题）

证 若不然，则存在3个质数 $p<q<r$，使得 $\sqrt[3]{p}$，$\sqrt[3]{q}$，$\sqrt[3]{r}$ 是一个等差数列中的3项，即有实数 a，d 和正整数 m，n，满足

$$\sqrt[3]{p}=a,\quad \sqrt[3]{q}=a+md,\quad \sqrt[3]{r}=a+nd,\quad m<n.$$

消去 a 和 d

$$\frac{\sqrt[3]{q}-\sqrt[3]{p}}{m}=d=\frac{\sqrt[3]{r}-\sqrt[3]{p}}{n},$$

$$n\left(\sqrt[3]{q}-\sqrt[3]{p}\right)=m\left(\sqrt[3]{r}-\sqrt[3]{p}\right),$$

$$n\sqrt[3]{q}-m\sqrt[3]{r}=(n-m)\sqrt[3]{p}. \qquad ①$$

两端同时立方，得到

$$n^3q-m^3r+3mn\sqrt[3]{rq}\left(n\sqrt[3]{q}-m\sqrt[3]{r}\right)=(n-m)^3p. \qquad ②$$

将①式代入②式左端的括号，又得

$$n^3q-m^3r+3mn\sqrt[3]{rq}\,(n-m)\sqrt[3]{p}=(n-m)^3p,$$

$$n^3q-m^3r-(n-m)^3p=3mn(m-n)\sqrt[3]{pqr}. \qquad ③$$

注意，③式左端是整数而右端是无理数，不可能成立．所以命题成立．

14′ 若将“立方根”换成平方根，结论又如何？

解 设有3个不同质数 $p<q<r$，它们的平方根是一个等差数列中的3项，即有

$$\sqrt{p}=a,\quad \sqrt{q}=a+md,\quad \sqrt{r}=a+nd.$$

于是有

$$\frac{\sqrt{q}-\sqrt{p}}{m}=d=\frac{\sqrt{r}-\sqrt{p}}{n},$$

$$n(\sqrt{q}-\sqrt{p})=m(\sqrt{r}-\sqrt{p}),$$

$$n\sqrt{q}-m\sqrt{r}=(n-m)\sqrt{p}.$$

两边同时平方，得到

$$n^2q+m^2r-2mn\sqrt{qr}=(n-m)^2p,$$

$$n^2q+m^2r-(n-m)^2p=2mn\sqrt{qr}.$$

上式左端为整数而右端为无理数，矛盾．所以任何3个不同质数的平方根不可能是一个等差数列中的3项．

14″ 若去掉14题中的平方根，试问3个不同质数能否是一个等差数列中的3项，结论又如何？

解 结论是肯定的．例如7，13，19和3，7，11都构成等差数列的连续3项．{3，5，7}．进一步地，不含2的任何3个不同质数都是一个等差数列中的3项．具体地说，是以3数中最小数为首项，以2为公差的等差数列中的3项．此外，含有2的任何3个质数都不能是一个等差数列中的3项．这个结论对不对？也不对．例如2，5=2+3，$11=2+3\times3$，17=2+5×3，$29=2+9\times3$ 是以2为首项，3为公差的数列的3项．实际上，可以找出无穷多个质数，它们都是一个等差数列中的项（公差为3）．

14‴ 设n为大于1的正整数，求证存在无穷多个不同质数，它们都是某个以n为公差的等差数列中的项．

15　等差数列 $\{a+bn\}$ 中包含一个无穷等比子数列，求实数 a 和 b $(b\neq 0)$ 应满足的充分必要条件．（《长沙一中奥赛》（上）100页例13题）

解　设有自然数 $n_1<n_2<n_3<\cdots$，使得数列 $\{a+bn_k\}$ 为等比数列，于是有

$$\frac{a+bn_1}{a+bn_2}=\frac{a+bn_2}{a+bn_3}.$$

由分比定理有

$$\frac{a+bn_1}{a+bn_2}=\frac{n_2-n_1}{n_3-n_2}=k\in\mathbf{Q}.$$

由此解得

$$\frac{a}{b}=\frac{n_1-kn_2}{k-1},\quad \frac{a}{b}\in\mathbf{Q}.$$

这就是 a 和 b 应满足的必要条件．

反之，设 $\frac{a}{b}\in\mathbf{Q}$，于是可设 $\frac{a}{b}=\frac{q}{p}$，其中 $(p,q)=1$，$p>0$，$p,q\in\mathbf{Z}$．令 $c=pb^{-1}$，于是 $a'=ca$，$b'=cb=p$ 都是整数．注意，当数列 $\{a+bn\}$ 满足题中要求时，数列 $\{a'+b'n\}$ 也满足题中要求，反之亦然．故不妨设 a 和 b 都是整数，$b>0$．（$=pb^{-1}a=p\cdot\frac{q}{p}=q$.）

取自然数 $n_0\geqslant 1$，使得 $x_0=a+bn_0>0$．令 $q=b+1$，$n_{k+1}=n_k+x_0q^k$，$k=1,2,\cdots$，于是递推可得

$$n_k=x_0q^{k-1}+x_0q^{k-2}+\cdots+x_0+n_0=n_0+\frac{x_0(q^k-1)}{q-1}.$$

因此有

$$a+bn_k=a+b\left(n_0+\frac{x_0(q^k-1)}{q-1}\right)=a+bn_0+bx_0\frac{q^k-1}{q-1}$$
$$=x_0+x_0(q^k-1)=x_0q^k.$$

这表明 $\{a+bn_k\}$ 为等比数列．

综上可知，所求的充分必要条件为 $\frac{a}{b}\in\mathbf{Q}$．

16. 在公比大于1的等比数列中，最多有几项是在100和1000之间的整数？（1972年加拿大数学奥林匹克）

解　设等比数列$\{ar^{n-1}\}$满足条件

$$100\leqslant a<ar<ar^2<\cdots<ar^{n-1}\leqslant 1000. \quad ①$$

其中n项均为整数，$r>1$为有理数．设

$$r=\frac{k}{m},\ m,k\in\mathbf{N}^*,\ k>m\geqslant 1,\ (k,m)=1. \quad ②$$

因为$ar^{n-1}=a\left(\frac{k}{m}\right)^{n-1}$是整数，故有$m^{n-1}\mid a$．于是由①有

$$100\leqslant a<a\left(\frac{m+1}{m}\right)<a\left(\frac{m+1}{m}\right)^2<\cdots<a\left(\frac{m+1}{m}\right)^{n-1}\leqslant 1000. \quad ③$$

当$m=1$时，由③有

$$100\leqslant a<a2^{n-1}\leqslant 1000,\quad 2^{n-1}\leqslant 10.$$

可见$n\leqslant 4$．

当$m=2$时，由③有

$$100\left(\frac{3}{2}\right)^{n-1}\leqslant a\left(\frac{3}{2}\right)^{n-1}\leqslant 1000,\quad \left(\frac{3}{2}\right)^{n-1}\leqslant 10.$$

由此解得$n\leqslant 6$．

当$m\geqslant 3$时，由③有

$$4^{n-1}\leqslant (m+1)^{n-1}\leqslant a\left(\frac{m+1}{m}\right)^{n-1}\leqslant 1000.$$

解得$n\leqslant 5$．

总结起来可得$n\leqslant 6$．

考察公比为$\frac{3}{2}$的等比数列中的6项：

$$128,192,288,432,648,972$$

都在100和1000之间．

综上可知，所求的项数的最大值为6．

十　函数与函数方程（一）

1. 设 $f(x)$ 在 R 上有定义，$f(1)=1$，且对任何 $x\in R$，都有

$$f(x+5)\geq f(x)+5,\quad f(x+1)\leq f(x)+1. \qquad ①$$

设 $g(x)=f(x)+1-x$，求 $g(2002)$ 之值.（2002年全国联赛一试10题）

解1　$\because g(x)=f(x)+1-x$，$\therefore f(x)=g(x)+x-1$. 由①有

$$g(x+5)+(x+5)-1=f(x+5)\geq f(x)+5=g(x)+x-1+5,$$

$$g(x+1)+(x+1)-1=f(x+1)\leq f(x)+1=g(x)+x-1+1.$$

一般到特殊

即有

$$g(x+5)\geq g(x),\quad g(x+1)\leq g(x),\quad x\in R.$$

$$\therefore g(x)\geq g(x+1)\geq g(x+2)\geq g(x+3)\geq g(x+4)\geq g(x+5)\geq g(x).$$

$\therefore$ $g(x)=g(x+1)$，$x\in R$，即 $g(x)$ 为以1为周期的周期函数.

又 $\because g(1)=f(1)+1-1=1$，$\therefore g(2002)=1$.

※解2　由①有

$$f(x)+5\leq f(x+5)\leq f(x+4)+1\leq f(x+3)+2\leq f(x+2)+3$$
$$\leq f(x+1)+4\leq f(x)+5,$$

$$\therefore f(x+5)=f(x+4)+1=f(x+3)+2=f(x+2)+3=f(x+1)+4$$
$$=f(x)+5.$$

$\therefore$ $f(x)+1=f(x+1)$，$x\in R$.

$\because f(1)=1$，$\therefore f(k)=f(k-1)+1=f(k-2)+2=f(1)+k-1$
$=k$.

$\therefore f(k)-k=0$，$k\in N^*$. $\therefore g(2002)=f(2002)-2002+1$
$=1$.

2．设函数 $f: \mathbf{R} \to \mathbf{R}$，满足 $f(0)=1$，且对任意 $x, y \in \mathbf{R}$，都有 $f(xy+1)=f(x)f(y)-f(y)-x+2$，求 $f(x)$．

（2004年全国联赛一试8题）

解1 由已知有

$$f(xy+1)=f(x)f(y)-f(y)-x+2, \quad x, y \in \mathbf{R}. \qquad ①$$

在上式中将 x, y 互换，得到

$$f(yx+1)=f(y)f(x)-f(x)-y+2, \quad x, y \in \mathbf{R}. \qquad ②$$

①－②，得到

$$f(x)+y=f(y)+x, \quad x, y \in \mathbf{R}. \qquad ③$$

在③中令 $y=0$，即得

$$f(x)=x+1, \quad x \in \mathbf{R}.$$

※ 解2 在已知函数关系式

$$f(xy+1)=f(x)f(y)-f(y)-x+2, \quad x, y \in \mathbf{R} \qquad ①$$

中令 $x=0$，得到

$$f(1)=f(y)-f(y)-0+2=2. \qquad ④$$

再于①中令 $y=0$，又得

$$f(1)=f(x)-1-x+2=f(x)-x+1,$$

$$f(x)=x+f(1)-1=x+1.$$

注 取 $x=1, y=0$，由①有 $f(1)=f(1)f(0)-f(0)+1$，再取 $x=0, y=1$，由①又有 $f(1)=f(0)f(1)-f(1)+2$．比较两式即得 $f(1)=f(0)+1$．取 $x=y=0$．由①有

$$f(0)+1=f(1)=f^2(0)-f(0)+2, \quad f^2(0)-2f(0)+1=0.$$

$(f(0)-1)^2=0$．$f(0)=1$．可见，题中 $f(0)=1$ 的条件可以去掉，变难了！

3. 设 α,β 是方程 $4x^2-4tx-1=0\ (t\in R)$ 的两个不等实根，函数 $f(x)=\frac{2x-t}{x^2+1}$ 的定义域为 $[\alpha,\beta]$.

(i) 求 $g(t)=\max f(x)-\min f(x)$；

(ii) 已知 $u_i\in\left(0,\frac{\pi}{2}\right)$，$i=1,2,3$，使得 $\sin u_1+\sin u_2+\sin u_3=1$，求证

$$\frac{1}{g(\tan u_1)}+\frac{1}{g(\tan u_2)}+\frac{1}{g(\tan u_3)}<\frac{3}{4}\sqrt{6}.$$

（2004年全国联赛一试15题）

解 (i) 先证 $f(x)$ 在 $[\alpha,\beta]$ 上严格递增. 因为二次函数 $4x^2-4tx-1$ 首项系数大于0，所以有

$$4x^2-4tx-1\leqslant 0,\quad x\in[\alpha,\beta]. \qquad ①$$

于是对任何 $\alpha\leqslant x_1<x_2\leqslant\beta$，由①有

$$4x_1^2-4tx_1-1\leqslant 0,\quad 4x_2^2-4tx_2-1\leqslant 0.$$

两式相加，得到

$$0\geqslant 4(x_1^2+x_2^2)-4t(x_1+x_2)-2>8x_1x_2-4t(x_1+x_2)-2,$$

$$2x_1x_2-t(x_1+x_2)-\frac{1}{2}<0. \qquad ②$$

所以有

$$f(x_2)-f(x_1)=\frac{2x_2-t}{x_2^2+1}-\frac{2x_1-t}{x_1^2+1}=\frac{(x_2-x_1)[t(x_1+x_2)-2x_1x_2+2]}{(x_2^2+1)(x_1^2+1)} \qquad ③$$

$$=\frac{x_2-x_1}{(x_2^2+1)(x_1^2+1)}\left\{-\left[2x_1x_2-t(x_1+x_2)-\frac{1}{2}\right]+\frac{3}{2}\right\}>0.$$

这表明 $f(x)$ 在 $[\alpha,\beta]$ 上严格递增.

由韦达定理有 $\alpha+\beta=t$，$\alpha\beta=-\frac{1}{4}$，而且 $\beta-\alpha=\sqrt{t^2+1}$. 由此可得

$$g(t)=\max f(x)-\min f(x)=f(\beta)-f(\alpha)=$$

$$=\frac{(\beta-\alpha)[t(\alpha+\beta)-2\alpha\beta+2]}{\alpha^2\beta^2+\alpha^2+\beta^2+1}$$

$$=\frac{\sqrt{t^2+1}\left(t^2+\frac{5}{2}\right)}{t^2+\frac{1}{16}+\frac{1}{2}+1}=\frac{8\sqrt{t^2+1}\,(2t^2+5)}{16t^2+25}. \quad ④$$

(ii) 由④有

$$g(\tan u_i)=\frac{8\sec u_i(2\sec^2 u_i+3)}{16\sec^2 u_i+9}=\frac{8\cos u_i(2\sec^2 u_i+3)}{16+9\cos^2 u_i}$$

$$=\frac{16\sec u_i+24\cos u_i}{16+9\cos^2 u_i}\geqslant\frac{2\sqrt{16\times 24}}{16+9\cos^2 u_i}=\frac{16\sqrt{6}}{16+9\cos^2 u_i},$$

$$i=1,2,3. \quad ⑤$$

由此可得

$$\sum_{i=1}^{3}\frac{1}{g(\tan u_i)}\leqslant\frac{1}{16\sqrt{6}}\sum_{i=1}^{3}(16+9\cos^2 u_i)=\frac{1}{16\sqrt{6}}\left(75-9\sum_{i=1}^{3}\sin^2 u_i\right). \quad ⑥$$

由已知 $u_i\in\left(0,\frac{\pi}{2}\right)$，$i=1,2,3$ 且 $\sum_{i=1}^{3}\sin u_i=1$，由柯西不等式有

$$1=\left(\sum_{i=1}^{3}\sin u_i\right)^2\leqslant 3\sum_{i=1}^{3}\sin^2 u_i. \quad ⑦$$

代入⑥即得

$$\sum_{i=1}^{3}\frac{1}{g(\tan u_i)}\leqslant\frac{1}{16\sqrt{6}}(75-3)=\frac{3}{4}\sqrt{6}, \quad ⑧$$

其中等号成立当且仅当⑤和⑦中都是等号，亦即应有

$$\begin{cases}16\sec u_i=24\cos u_i,\ i=1,2,3;\\ \sin u_1=\sin u_2=\sin u_3.\end{cases}\qquad \begin{cases}\cos u_i=\frac{1}{3}\sqrt{6},\\ \sin u_i=\frac{1}{3}.\end{cases}$$

这导致 $\sin^2 u_i+\cos^2 u_i=\frac{7}{9}$，矛盾，故⑧式中等号不能成立，所以

$$\sum_{i=1}^{3}\frac{1}{g(\tan u_i)}<\frac{3}{4}\sqrt{6}.$$

注　函数 $f(x)$ 的严格递增性还可用求导法来证明：

$$f'(x)=\left(\frac{2x-t}{x^2+1}\right)'=\frac{2(x^2+1)-(2x-t)\cdot 2x}{(x^2+1)^2}=\frac{-2x^2+2tx+2}{(x^2+1)^2}$$

$$=\frac{-\frac{1}{2}(4x^2-4tx-1)+\frac{3}{2}}{(x^2+1)^2}>0.$$

故函数 $f(x)$ 在 $[\alpha,\beta]$ 上严格递增.

4　设函数$f(x)$对一切正实数有定义，且满足下列条件

(i) $f(x)$在$(0,+\infty)$上严格递增。

(ii) 对所有$x>0$，均有$f(x)>-\frac{1}{x}$且$f(x)f\left(f(x)+\frac{1}{x}\right)=1$。

求$f(1)$之值。　　　　（《唐》23页例9）

解　设$a=f(1)$，在(ii)中取$x=1$，得到

$$af\left(a+\frac{1}{1}\right)=1,\quad f(a+1)=\frac{1}{a}. \qquad ①$$

再于(ii)中取$x=a+1$，得

$$f(a+1)f\left(\frac{1}{a}+\frac{1}{a+1}\right)=1,\quad f\left(\frac{1}{a}+\frac{1}{a+1}\right)=a=f(1). \qquad ②$$

因为$f(x)$在$(0,+\infty)$上严格递增，所以有

$$\frac{1}{a}+\frac{1}{a+1}=1,\quad 2a+1=a(a+1),\quad a^2-a-1=0.$$

解得　$a=\frac{1}{2}(1\pm\sqrt{5})$。

若$a=\frac{1}{2}(1+\sqrt{5})$，则$1<a=f(1)<f(1+a)=\frac{1}{a}<1$，矛盾。

所以　$a=\frac{1}{2}(1-\sqrt{5})$，即$f(1)=\frac{1}{2}(1-\sqrt{5})$。

注　易见，$f(x)=\frac{1-\sqrt{5}}{2x}$满足题中的要求。

5. 奇函数 $y=f(x)$ 的定义域为 R，当 $x\geq 0$ 时，$f(x)=2x-x^2$。函数 $y=f(x)$ 在区间 $[a,b]$ 上的值域是 $\left[\frac{1}{b},\frac{1}{a}\right]$，其中 a，b 为常数，求 a，b 的值。 (《奥》22页例8)

解　因为 $y=f(x)$ 为奇函数且 $f(x)=2x-x^2$，$x\geq 0$，故当 $x<0$ 时有

$$f(x)=-f(-x)=-\left(-2x-x^2\right)=2x+x^2.$$

所以

$$f(x)=\begin{cases}2x-x^2, & x\geq 0,\\ 2x+x^2, & x<0.\end{cases}\qquad ①$$

由区间 $[a,b]$ 和 $\left[\frac{1}{b},\frac{1}{a}\right]$ 的写法知 $a<b$，$\frac{1}{b}<\frac{1}{a}$，所以 a 与 b 同号。又由 $f(x)$ 的表达式①知 $f(x)$ 在 $(-\infty,-1]$ 和 $[1,+\infty)$ 上严格递减而在 $[-1,1]$ 上严格递增，从而在 $x=1$ 时取最大值 $f(1)=1$。

设 $0<a<b$，因值域为 $\left[\frac{1}{b},\frac{1}{a}\right]$，故有 $\frac{1}{a}\leq f(1)=1$。所以 $a\geq 1$。

当 $1\leq a<b$ 时，$f(x)$ 在 $[a,b]$ 上严格递减，于是有

$$\begin{cases}2a-a^2=f(a)=\frac{1}{a},\\ 2b-b^2=f(b)=\frac{1}{b}.\end{cases}\qquad ②$$

考察方程

$$2t^2-t^3-1=0,\quad (t-1)\left(t^2-t-1\right)=0.$$

知共有3个解：$t_1=\frac{1-\sqrt{5}}{2}$，$t_2=1$，$t_3=\frac{1+\sqrt{5}}{2}$。所以②的解为 $a=1$，$b=\frac{1}{2}(1+\sqrt{5})$。由奇函数图形的中心对称性知，当 $a<b\leq -1$ 时，也有一组解 $b=-1$，$a=-\frac{1}{2}(1+\sqrt{5})$。

综上可知，共有两组解 $a=1$，$b=\frac{1}{2}(1+\sqrt{5})$ 和 $a=-\frac{1}{2}(1+\sqrt{5})$，$b=-1$。

25. 设 $f(x)$ 在 $\mathbb{R}$ 上有定义且 $f(0)=2008$，对任意 $x\in\mathbb{R}$，都有

$$f(x+2)-f(x)\leqslant 3\cdot 2^x,\ f(x+6)-f(x)\geqslant 63\cdot 2^x. \quad ①$$

求 $f(2008)$ 之值.　　　　（2008年全国联赛一试11题）

解　由①有

$$63\cdot 2^x\leqslant f(x+6)-f(x)=(f(x+6)-f(x+4))+(f(x+4)-f(x+2))+(f(x+2)-f(x))\leqslant 3\cdot 2^{x+4}+3\cdot 2^{x+2}+3\cdot 2^x$$

$$=48\cdot 2^x+12\cdot 2^x+3\cdot 2^x=63\cdot 2^x. \quad ②$$

②式表明

$$f(x+6)-f(x)=63\cdot 2^x,$$
$$f(x+4)-f(x)=15\cdot 2^x, \quad ③$$
$$f(x+2)-f(x)=3\cdot 2^x.$$

因为 $2008=6\times 334+4$，故由③有

$$f(2008)=63(2^{2002}+2^{1996}+2^{1990}+\cdots+2^4)+f(4)$$
$$=63\times 2^4(2^{1998}+2^{1992}+\cdots+1)+15+f(0)$$
$$=63\times 2^4\,\frac{2^{2004}-1}{2^6-1}+15+2008$$
$$=2^{2008}-16+15+2008=2^{2008}+2007.$$

6. 求函数 $y=x+\sqrt{x^2-3x+2}$ 的值域.（2001年全国联赛一试11题）

见本册开头.

7. 求函数 $y=\dfrac{x^2+5}{\sqrt{x^2+4}}$ 的值域.

解1 改写

$$y=\sqrt{x^2+4}+\frac{1}{\sqrt{x^2+4}}.$$

注意，这里不要用均值不等式，因为其中的等号不能成立．因为 $\sqrt{x^2+4}\geqslant 2$ 且当 $x=0$ 时等号成立，而函数 $f(t)=t+\frac{1}{t}$ 在区间 $[1,+\infty)$ 上是严格递增的，所以有

$$y\geqslant 2+\frac{1}{2}=\frac{5}{2},$$

且当 $x=0$ 时等号成立．所以，函数 y 的值域为 $\left[\frac{5}{2},+\infty\right)$.

解2 按求导法则有

$$y'=\frac{2x\sqrt{x^2+4}-(x^2+5)\frac{x}{\sqrt{x^2+4}}}{x^2+4}=\frac{2x(x^2+4)-x(x^2+5)}{(x^2+4)^{3/2}}$$

$$=\frac{x(x^2+3)}{(x^2+4)^{3/2}}.$$

可见 $x=0$ 是 y' 的唯一零点．又因

$$\lim_{x\to\infty}\frac{x^2+5}{\sqrt{x^2+4}}=+\infty,$$

所以 $x=0$ 是函数 y 的最小值点，即 $y|_{x=0}=\frac{5}{2}$ 是最小值．所以 y 的值域为 $\left[\frac{5}{2},+\infty\right)$.

8 设 $f(x)=x^2+2f\left(\frac{1}{x}\right)$，$x\neq 0$，求 $f(x)$．（《华南》66页例2）

解 令 $t=\frac{1}{x}$，当且仅当 $x\neq 0$ 时，$t\neq 0$．代入已知方程

$$f(x)=x^2+2f\left(\frac{1}{x}\right), \qquad ①$$

得到

$$f\left(\frac{1}{t}\right)=\frac{1}{t^2}+2f(t),$$

将 t 换成 x，即得

$$f\left(\frac{1}{x}\right)=\frac{1}{x^2}+2f(x). \qquad ②$$

将②代入①，得到

$$f(x)=x^2+2\left(\frac{1}{x^2}+2f(x)\right),$$

$$3f(x)=-\left(x^2+\frac{2}{x^2}\right), \qquad f(x)=-\frac{1}{3}\left(x^2+\frac{2}{x^2}\right).$$

9. 求解函数方程

$$f\left(\frac{x-1}{x+1}\right)+f\left(-\frac{1}{x}\right)+f\left(\frac{1+x}{1-x}\right)=\cos x,\quad x\notin\{-1,0,+1\}.\quad①$$

（《华南》67页例3）

解 令 $g(x)=\frac{x-1}{x+1}$，注意

迭代法

$$g\circ g(x)=\frac{\frac{x-1}{x+1}-1}{\frac{x-1}{x+1}+1}=\frac{x-1-x-1}{x-1+x+1}=-\frac{1}{x},$$

$$g\circ g\circ g(x)=\frac{-\frac{1}{x}-1}{-\frac{1}{x}+1}=\frac{-1-x}{-1+x}=\frac{-1-x}{x-1}=\frac{1+x}{1-x},$$

$$g\circ g\circ g\circ g(x)=\frac{\frac{1+x}{1-x}-1}{\frac{1+x}{1-x}+1}=\frac{1+x-1+x}{1+x+1-x}=x,$$

原方程即可化为

$$f\circ g(x)+f\circ g\circ g(x)+f\circ g\circ g\circ g(x)=\cos x.\quad②$$

依次将 x 换成 $g(x)$，可得

$$f\circ g\circ g(x)+f\circ g\circ g\circ g(x)+f\circ g(x)\ \text{（此项原稿有涂改）}=\cos g(x),\quad③$$

$$f\circ g\circ g\circ g(x)+f(x)+f\circ g(x)=\cos\circ g\circ g(x),\quad④$$

$$f(x)+f\circ g(x)+f\circ g\circ g(x)=\cos\circ g\circ g\circ g(x)\quad⑤$$

将③、④、⑤相加并减去②×2，得到

$$3f(x)=\cos g(x)+\cos g\circ g(x)+\cos g\circ g\circ g(x)-2\cos x$$

$$=\cos\frac{x-1}{x+1}+\cos\frac{1}{x}+\cos\frac{1+x}{1-x}-2\cos x.$$

$$f(x)=\frac{1}{3}\left(\cos\frac{x-1}{x+1}+\cos\frac{1}{x}+\cos\frac{1+x}{1-x}-2\cos x\right).$$

10. 已知 $f(x)$ 满足方程

$$f(\sin x)+3f(-\sin x)=\cos x,\ x\in\left[-\frac{\pi}{2},\frac{\pi}{2}\right], \quad ①$$

求 $f(x)$.　　　　（《华南》67页例4）

解　令 $F(x)=f(\sin x)$，于是 $f(-\sin x)=F(-x)$. ①式可以化成

$$F(x)+3F(-x)=\cos x,\ x\in\left[-\frac{\pi}{2},\frac{\pi}{2}\right]. \quad ②$$

在②中将 x 换成 $-x$，又有

$$F(-x)+3F(x)=\cos x. \quad ③$$

函数代换
变量代换

将③代入②，得到

$$F(x)+3(\cos x-3F(x))=\cos x,$$

$$-8F(x)=-2\cos x,\quad F(x)=\frac{1}{4}\cos x.$$

即有

$$f(\sin x)=\frac{1}{4}\cos x=\frac{1}{4}\sqrt{1-\sin^2 x}.$$

所以

$$f(x)=\frac{1}{4}\sqrt{1-x^2},\ x\in[-1,1]$$

11. 设正实数 x,y 满足 $xy=1$，求函数

$$f(x,y)=\frac{x+y}{[x][y]+[x]+[y]+1} \quad ①$$

的值域．　　（《周一王》27页例3）

解　不妨设 $x\geqslant y$，于是 $x\geqslant 1$．

(1) 当 $x=1$ 时，$y=1$，所以有 $f(1,1)=\frac{1}{2}$．

(2) 当 $x>1$ 时，记 $[x]=n$，$\{x\}=x-[x]=\alpha$，于是 $x=n+\alpha$，$0\leqslant\alpha<1$，$y=\frac{1}{n+\alpha}<1$，故有 $[y]=0$．

$$f(x,y)=\frac{n+\alpha+\frac{1}{n+\alpha}}{n+1}.$$

由于函数 $g(t)=t+\frac{1}{t}$ 在 $[1,+\infty)$ 上严格递增，而 $0\leqslant\alpha<1$，故有

$$n+\frac{1}{n}\leqslant n+\alpha+\frac{1}{n+\alpha}<n+1+\frac{1}{n+1}.$$

从而有

$$\frac{n+\frac{1}{n}}{n+1}\leqslant f(x,y)<\frac{n+1+\frac{1}{n+1}}{n+1}.$$

记 $a_n=\frac{n+\frac{1}{n}}{n+1}=\frac{n^2+1}{n^2+n}=1-\frac{n-1}{n^2+n}$，$b_n=\frac{n+1+\frac{1}{n+1}}{n+1}=1+\frac{1}{(n+1)^2}$，于是

$$a_{n+1}-a_n=\frac{n-1}{n^2+n}-\frac{n}{(n+1)^2+(n+1)}=\frac{(n-1)(n+2)-n^2}{n(n+1)(n+2)}=\frac{n-2}{n(n+1)(n+2)}.$$

所以，当 $n\geqslant 1$ 时有

$$a_1>a_2=a_3,\ a_3<a_4<a_5<\cdots<a_n<\cdots,\ b_1>b_2>\cdots>b_n>\cdots.$$

可见，当 $x>1$ 时，$f(x,y)$ 的值域为 $[a_2,b_1)=\left[\frac{5}{6},\frac{5}{4}\right)$．

综上可知，$f(x,y)$ 的值域为 $\left\{\frac{1}{2}\right\}\cup\left[\frac{5}{6},\frac{5}{4}\right)$．

12　设函数$f(x)$在R上单调且满足$f(x+y)=f(x)+f(y)$，$f(1)=2$，

(i) 求证$f(x)$为奇函数；

(ii) 当$t>2$时，不等式

$$f(k\log_2 t)+f(\log_2 t-\log_2^2 t-2)<0 \qquad ①$$

恒成立，求实数k的取值范围.　（《周一王》29页例18）

解　取$x=0$，$y=1$，于是有

$$f(1)=f(0)+f(1), \qquad f(0)=0.$$

取$y=-x$，于是$x+y=0$，又有

$$0=f(0)=f(x)+f(-x), \qquad \therefore f(x)=-f(-x).$$

可见$f(x)$为奇函数.

(ii) 因为$f(x)$为R上的单调函数且$f(0)=0$，$f(1)=2$，所以$f(x)$为R上的递增函数. 又因$f(x)$为奇函数，故由①有

$$f(k\log_2 t)<-f(\log_2 t-\log_2^2 t-2)=f(\log_2^2 t-\log_2 t+2)$$

$$k\log_2 t<\log_2^2 t-\log_2 t+2,$$

$$(k+1)\log_2 t<\log_2^2 t+2.$$

~~$\log_2^2 t-(k+1)\log_2 t+2>0$~~.

$$k+1<\log_2 t+\frac{2}{\log_2 t}, \quad t>2.$$

由于上式右端作为t的函数最小值是$2\sqrt{2}$且当$t=2^{\sqrt{2}}>2$时取得，所以有

$$k<2\sqrt{2}-1$$

即k的取值范围为$(-\infty, 2\sqrt{2}-1)$.

2′ 设函数 $f: R\to R$ 满足方程

$$f(xy+1)=f(x)f(y)-f(y)-x+2,\quad x,y\in R. \qquad ①$$

求 $f(x)$.

解1 在①中将 x,y 互换，得到

$$f(xy+1)=f(y)f(x)-f(x)-y+2,\quad x,y\in R. \qquad ②$$

比较①和②，得到

$$f(y)+x=f(x)+y. \qquad ③$$

在③中令 $y=0$ 并记 $f(0)=a$，得到

$$f(x)=x+a,\quad x\in R. \qquad ④$$

将④代入①

$$\begin{aligned} xy+1+a &= (x+a)(y+a)-(y+a)-x+2 \\ &= xy+ax+ay+a^2-y-x-a+2. \end{aligned}$$

$$(a-1)x+(a-1)y+(a-1)^2=0,\quad x,y\in R. \qquad ⑤$$

注意，⑤式不是方程而是恒等式．所以有 $a=1$．再由④即得

$$f(x)=x+1.$$

解2 取 $x=1,y=0$，由①有

$$f(1)=f(1)f(0)-f(0)+1. \qquad ②$$

再取 $x=0,y=1$，由①又有

$$f(1)=f(0)f(1)-f(1)+2. \qquad ③$$

比较②和③，即得

$$f(1)=f(0)+1. \qquad ④$$

取 $x=y=0$，由①和④有

$$f(0)+1=f(1)=f^2(0)-f(0)+2,$$

$$f^2(0)-2f(0)+1=0,$$

$$(f(0)-1)^2=0. \quad f(0)=1, f(1)=2.$$

取 $y=0$，由①有

$$f(1)=f(x)f(0)-f(0)-x+2=f(x)-x+1$$

$$f(x)=x+f(1)-1=x+1.$$

注 若将方程改为 $f(xy+1)=f(x)f(y)-2f(y)-2x+3$ ①′，则类似可解如下：

$$f(x)f(y)-2f(y)-2x+3=f(xy+1)=f(y)f(x)-2f(x)-2y+3,$$

$$f(y)+x=f(x)+y. \qquad ③'$$

记 $f(0)=a$ 并在③′中令 $y=0$，

$$f(x)=x+a, \quad x\in R, \qquad ④'$$

代入①′，得到

$$xy+1+a=(x+a)(y+a)-2(y+a)-2x+3$$

$$1+a=ax+ay+a^2-2y-2x-2a+3$$

$$(a-2)(x+y)+a^2-3a+2=0$$

$$(a-2)[x+y+(a-1)]=0, \quad x, y\in R \qquad ⑤'$$

注意⑤′为恒等式，所以必有 $a=2$，代入④′即得

$$f(x)=x+2.$$

13. 求函数 $y=\frac{2+x}{1+\sqrt{1-x^2}}+\frac{1-\sqrt{1-x^2}}{x}$ 的值域.

（《高指导》27页25题）

解1 易见，函数 y 的定义域为 $[-1,1]-\{0\}$. 将 y 的表达式化简得

$$y=\frac{2+x}{1+\sqrt{1-x^2}}+\frac{1-\sqrt{1-x^2}}{x}=\frac{2(1+x)}{1+\sqrt{1-x^2}},\quad x\neq 0.$$

令 $x=\sin\theta$，$\theta\in\left[-\frac{\pi}{2},\frac{\pi}{2}\right]-\{0\}$，于是

数形结合

$$\frac{y}{2}=\frac{1+\sin\theta}{1+\cos\theta}=\frac{\sin\theta-(-1)}{\cos\theta-(-1)}.$$

这表明 $\frac{y}{2}$ 可以看作是点 $(-1,-1)$ 与点 $(\cos\theta,\sin\theta)$ 的连线的斜率. 故知 $\frac{y}{2}$ 的取值范围是 $\left[0,\frac{1}{2}\right)\cup\left(\frac{1}{2},2\right]$.

从而知 y 的值域是 $[0,1)\cup(1,4]$.

O

(-1,-1)

解2 易见，函数 y 的定义域为 $[-1,1]-\{0\}$. 将 y 的表达式改写成

$$y=\frac{2(1+x)}{1+\sqrt{1-x^2}},\quad x\neq 0.$$

令

$$y_1=\frac{1+x}{1+\sqrt{1-x^2}},\quad -1\leqslant x\leqslant 1.$$

于是 y_1 是 $[-1,1]$ 上的连续函数. 按求导法则有

$$y_1'=\frac{1+\sqrt{1-x^2}+(1+x)\frac{x}{\sqrt{1-x^2}}}{(1+\sqrt{1-x^2})^2}=\frac{\sqrt{1-x^2}+1-x^2+x+x^2}{(1+\sqrt{1-x^2})^2\sqrt{1-x^2}}$$

$$=\frac{\sqrt{1-x^2}+1+x}{(1+\sqrt{1-x^2})^2\sqrt{1-x^2}}>0,\quad -1<x<1.$$

可见，y_1是$[-1,1]$上的严格递增函数．又因

$$y_1|_{x=-1}=0,\quad y_1|_{x=1}=2,$$

所以y_1的值域为$[0,2]$．从而y的值域为$[0,1)\cup(1,4]$．

·146

14. 设$f(n)$是定义在N^*上，在N中取值的函数，且对所有m，n都有

$$f(m+n)-f(m)-f(n)=0\text{或}1. \quad ①$$

$$f(2)=0, f(3)>0, f(9999)=3333.$$

求$f(1982)$之值. （1982年IMO 1题）

解 在①中令$n=1$，得到

$$f(m+1)=f(m)+f(1)+0\text{或}1\geq f(m).$$

这表明$\{f(m)\}$递增. 因$f(2)=0$，所以$f(1)=0$. 再由①有

$$f(3)\leq f(2)+f(1)+1=1.$$

又因$f(3)>0$，$f(3)\in N^*$，所以$f(3)=1$.

由于$1982=660\times3+2$，故由①又得

$$f(1982)\geq 660f(3)+f(2)=660. \quad ②$$

如果$f(1982)\geq 661$，则因$9999=1982\times5+3\times29+2$，由①有

$$f(9999)\geq 5f(1982)+29f(3)+f(2)\geq 3334,$$

此与$f(9999)=3333$矛盾. 故得

$$f(1982)=660.$$ （《代数卷》6·12）

147　15. 是否存在函数 $f(n): \mathbf{N}^* \to \mathbf{N}^*$ 且对每个 $n \in \mathbf{N}^*$，$n > 1$，满足
$f(n) = f(f(n-1)) + f(f(n+1))$？　　（1989年全苏数学奥林匹克）

解　设存在满足题中要求的函数 $f(n)$. 由于 $f(n) \in \mathbf{N}^*$，$n = 1, 2, \cdots$，故当 $n \geq 2$ 时，$f(n)$ 有最小值 $f(n_0)$，于是有

$$f(n_0) = f(f(n_0-1)) + f(f(n_0+1)) \geq f(f(n_0+1)) + 1. \quad ①$$

由①知 $f(n_0) \geq 2$. 又因 $n_0+1 \geq 2$，$f(n_0)$ 最小，所以有

$$f(n_0+1) \geq f(n_0) \geq 2.$$

再由 $f(n_0)$ 的最小性又有

$$f(f(n_0+1)) \geq f(n_0). \quad ②$$

②与①矛盾. 所以满足题中要求的函数 $f(n)$ 不存在.

（《代数卷》6·37）

注　这里用的是极端原理，而极端原理＋反证法正是常用证题模式.

16. 是否存在函数 $f: N^* \to N^*$，使对每个 $n \in N^*$，都有 $f^{(1989)}(n)=2n$？其中 $f^{(1)}=f(n)$，$f^{(k+1)}(n)=f(f^{(k)}(n))$.

解　对于每个奇数 j，以 j 为首项，2为公比可以写出等比数列（以下称为"链"）：

$$j,\ 2j,\ 4j,\ 8j,\ 16j,\ \cdots,\ 2^{n-1}j,\ \cdots.$$

依次取 $j=1,3,5,7,\cdots,2k-1,\cdots$，可以得到无穷多条这样的链，且任何两条这样的链互不相交，每个正整数都恰属于1条这样的链。将每1989条链分为一组，并将每组链排成一条"大链"如下：

分组构造法

$$\begin{array}{ccccccccc}
j_1 & \nearrow & 2j_1 & \nearrow & 4j_1 & \nearrow & 8j_1 & \nearrow & 16j_1\ \cdots \\
\downarrow & & \downarrow & & \downarrow & & \downarrow & & \vdots \\
j_2 & & 2j_2 & & 4j_2 & & 8j_2 & & \\
\downarrow & & \downarrow & & \downarrow & & \downarrow & & \\
j_3 & & 2j_3 & & 4j_3 & & 8j_3 & & \\
\downarrow & & \downarrow & & \downarrow & & \downarrow & & \\
j_4 & & 2j_4 & & 4j_4 & & 8j_4 & & \\
\downarrow & & \downarrow & & \downarrow & & \downarrow & & \\
\vdots & & \vdots & & \vdots & & \vdots & & \vdots \\
\downarrow & & \downarrow & & \downarrow & & \downarrow & & \\
j_{1989} & & 2j_{1989} & & 4j_{1989} & & 8j_{1989} & &
\end{array}$$

据此，对于每个正整数 n，都恰好在一个"大链"中出现，我定义 $f(n)$ 为 n 在大链中的下一项。容易验证，这样定义的函数 $f(n)$ 满足要求 $f^{(1989)}(n)=2n$.

17. 设 a 为固定实数，$0<a<1$，$f(x)$ 在 $[0,1]$ 上有定义，$f(0)=0$，$f(1)=1$ 且对所有 $x\leq y$，均有

$$f\left(\frac{x+y}{2}\right)=(1-a)f(x)+af(y). \quad ①$$

求 $f\left(\frac{1}{7}\right)$ 之值.　　　　（《研究教程》268页例3）

解　令 $x=0$，$y=1$，由①得

$$f\left(\frac{1}{2}\right)=a. \quad ②$$

令 $x=0$，$y=\frac{1}{2}$，由①又得

$$f\left(\frac{1}{4}\right)=f\left(\frac{0+\frac{1}{2}}{2}\right)=af\left(\frac{1}{2}\right)=a^2. \quad ③$$

令 $x=\frac{1}{2}$，$y=1$，由①得

$$f\left(\frac{3}{4}\right)=f\left(\frac{\frac{1}{2}+1}{2}\right)=(1-a)f\left(\frac{1}{2}\right)+af(1)=(1-a)a+a. \quad ④$$

由①–④可得

$$a=f\left(\frac{1}{2}\right)=f\left(\frac{\frac{1}{4}+\frac{3}{4}}{2}\right)=(1-a)f\left(\frac{1}{4}\right)+af\left(\frac{3}{4}\right)$$

$$=(1-a)a^2+a^2(1-a)+a^2=a^2(3-2a).$$

$$a(2a^2-3a+1)=0.$$

由于 $0<a<1$，故可解得 $a=\frac{1}{2}$. 代入①得到

$$f\left(\frac{1}{2}(x+y)\right)=\frac{1}{2}\left(f(x)+f(y)\right),\ 0\leq x\leq y\leq 1. \quad ⑤$$

设 $f\left(\frac{1}{7}\right)=b$，于是有

$$b=f\left(\frac{1}{7}\right)=f\left(\frac{0+\frac{2}{7}}{2}\right)=\frac{1}{2}f\left(\frac{2}{7}\right).\qquad f\left(\frac{2}{7}\right)=2b.$$

$$f\left(\frac{4}{7}\right)=f\left(\frac{\frac{1}{7}+1}{2}\right)=\frac{1}{2}\left(f\left(\frac{1}{7}\right)+f(1)\right)=\frac{1}{2}(b+1).$$

$$2b=f\left(\frac{2}{7}\right)=f\left(\frac{0+\frac{4}{7}}{2}\right)=\frac{1}{2}f\left(\frac{4}{7}\right)=\frac{1}{4}(b+1).$$

解得 $b=\frac{1}{7}$，即 $f\left(\frac{1}{7}\right)=\frac{1}{7}$.

18. 设函数 $f(x)$ 定义在 $\mathbb{R}-\{0,1\}$ 上且对任意 $x\in\mathbb{R}-\{0,1\}$，均有

$$f(x)+f\left(\frac{x-1}{x}\right)=1+x. \qquad ①$$

求 $f(x)$.　　　　（《研究教程》269页例4）

解　将①中自变量换成 y，得到

$$f(y)+f\left(\frac{y-1}{y}\right)=1+y. \qquad ①'$$

令 $y=\frac{x-1}{x}$，于是 $\frac{y-1}{y}=\left(\frac{x-1}{x}-1\right)\Big/\frac{x-1}{x}=\frac{1}{1-x}$. 代入①′，得到

$$f\left(\frac{x-1}{x}\right)+f\left(\frac{1}{1-x}\right)=1+\frac{x-1}{x}=2-\frac{1}{x}. \qquad ②$$

①－②，得到

$$f(x)-f\left(\frac{1}{1-x}\right)=x+\frac{1}{x}-1. \qquad ③$$

再令 $y=\frac{1}{1-x}$，于是 $\frac{y-1}{y}=(1-x)\left(\frac{1}{1-x}-1\right)=x$. 代入①′，又得

$$f\left(\frac{1}{1-x}\right)+f(x)=1+\frac{1}{1-x}. \qquad ④$$

③＋④，得到

$$2f(x)=x+\frac{1}{x}+\frac{1}{1-x}=\frac{x^2(1-x)+(1-x)+x}{x(1-x)}$$

$$=\frac{x^2-x^3+1}{x(1-x)},$$

$$f(x)=\frac{1+x^2-x^3}{2x(1-x)}.$$

容易验证，这一 $f(x)$ 满足方程①.

※解2　令 $g(x)=\frac{x-1}{x}$，于是有

$$g\circ g(x)=\frac{g(x)-1}{g(x)}=\frac{\frac{x-1}{x}-1}{\frac{x-1}{x}}=\frac{-1}{x-1}=\frac{1}{1-x},$$

$$g\circ g\circ g(x)=\frac{g\circ g(x)-1}{g\circ g(x)}=\frac{\frac{1}{1-x}-1}{\frac{1}{1-x}}=x.$$

迭代法

易见，①式可以化成

$$f(x)+f\circ g(x)=1+x, \qquad ⑤$$

依次将⑤式中的x换成g(x)和g∘g(x)，得到

$$f\circ g(x)+f\circ g\circ g(x)=1+g(x), \qquad ⑥$$

$$f\circ g\circ g(x)+f\circ g\circ g\circ g(x)=f\circ g\circ g(x)+f(x)=1+g\circ g(x) \qquad ⑦$$

⑤+⑦−⑥，得到

$$\begin{aligned}2f(x)&=1+x+1+g\circ g(x)-1-g(x)\\&=1+x+\frac{1}{1-x}-\frac{x-1}{x}=x+\frac{1}{1-x}+\frac{1}{x}\\&=\frac{x^2(1-x)+x+1-x}{(1-x)x}=\frac{1+x^2-x^3}{x(1-x)}.\end{aligned}$$

$$\therefore f(x)=\frac{1+x^2-x^3}{2x(1-x)}$$

19　已知 $f(x)=\frac{2x+3}{x-1}$，若 $y=g(x)$ 的图象与 $y=f^{-1}(x+1)$ 的图象关于直线 $y=x$ 对称，求 $g(3)$ 之值.

（2002年天津初赛9题）

解1　由 $y=\frac{2x+3}{x-1}$，$(x-1)y=2x+3$，$x(y-2)=y+3$，$x=\frac{y+3}{y-2}$. 所以有 $f^{-1}(x)=\frac{x+3}{x-2}$. 从而 $f^{-1}(x+1)=\frac{x+4}{x-1}$.

因为 $y=g(x)$ 的图形与 $y=f^{-1}(x+1)$ 的图象关于直线 $y=x$ 对称，所以 $g(x)$ 即为 $f^{-1}(x+1)$ 作为 x 的函数的反函数. 故应有

$y=\frac{x+4}{x-1}$，$(x-1)y=x+4$，$x(y-1)=y+4$.

$x=\frac{y+4}{y-1}$. $\therefore g(x)=\frac{x+4}{x-1}$. $\therefore g(3)=\frac{7}{2}$.

解2　$f(x)\xrightarrow{\text{关于}y=x\text{对称}}f^{-1}(x)\xrightarrow{\text{左移}1}f^{-1}(x+1)\xrightarrow{\text{关于}y=x\text{对称}}g(x)=f(x)-1$

$$\therefore g(x)=\frac{2x+3}{x-1}-1$$

$$=\frac{x+4}{x-1}.$$

$$\therefore g(3)=\frac{7}{2}.$$

20 设$f(x)$是定义在$(0,+\infty)$上的减函数，若$f(2a^2+a+1)<f(3a^2-4a+1)$成立，则a的取值范围是______.

（2005年全国联赛一试8题）

解 首先，$f(x)$的定义域为$(0,+\infty)$，且有

$$2a^2+a+1=2\left(a+\frac{1}{4}\right)^2+\frac{7}{8}>0,\quad -\infty<a<+\infty;$$

$$3a^2-4a+1=(3a-1)(a-1)>0,\quad a>1 \text{ 或 } a<\frac{1}{3}.$$

所以，当且仅当$a\in\left[\left(-\infty,\frac{1}{3}\right)\cup(1,+\infty)\right]$时，$f(2a^2+a+1)$和$f(3a^2-4a+1)$都有意义.

其次，$f(x)$在$(0,+\infty)$上是减函数，所以有

$$f(2a^2+a+1)<f(3a^2-4a+1)$$

$$\Longleftrightarrow 2a^2+a+1>3a^2-4a+1 \Longleftrightarrow a^2-5a<0$$

$$\Longleftrightarrow a(a-5)<0 \Longleftrightarrow 0<a<5.$$

最后，结合起来，得到a的取值范围是$\left(0,\frac{1}{3}\right)\cup(1,5)$.

注 这里的“减函数”为“严格递减函数”.

21 设 Q^+ 是全体正有理数组成的集合．试作函数 $f: Q^+ \to Q^+$，使得对任何 $x, y \in Q^+$，都有

$$f(xf(y)) = f(x)/y. \quad (1990\text{年IMO 4题})$$

解 设有函数 f 为所求作的函数，即有

$$f(xf(y)) = \frac{f(x)}{y}, \quad x, y \in Q^+. \qquad ①$$

若 $y_1, y_2 \in Q^+$，使得 $f(y_1) = f(y_2)$，则由①有

$$\frac{f(x)}{y_1} = f(xf(y_1)) = f(xf(y_2)) \overset{①}{=} \frac{f(x)}{y_2}.$$

因为 $0 \notin Q^+$，所以 $f(x) \neq 0$．故 $y_1 = y_2$，即 f 为单射．

在①中令 $x = y = 1$，得

$$f(f(1)) = f(1). \quad \therefore f(1) = 1.$$

取 $x = 1$．对任何 $y \in Q^+$，由①可得

$$f(f(y)) = \frac{f(1)}{y} = \frac{1}{y}. \qquad ②$$

分析推理构造法

再用一次，有

$$f\left(\frac{1}{y}\right) = f(f(f(y))) = \frac{1}{f(y)}. \qquad ③$$

在①中令 $y = f\left(\frac{1}{t}\right)$，由②和③得

$$f(xt) = f\left(x \cdot f\left(f\left(\frac{1}{t}\right)\right)\right) = f(xf(y)) = \frac{f(x)}{y} = \frac{f(x)}{f\left(\frac{1}{t}\right)}$$

$$= f(x)f(t), \qquad ④$$

即有 $f(xt) = f(x)f(t)$．

反过来，容易证明，当函数 $f: Q^+ \to Q^+$ 满足②和④时，f 也满足①．

设P是全体质数组成的集合，对于任一自然数k，p_k表示从小到大排列的第k个质数. 定义函数$g: P\to Q^+$如下：

$$g(p_k)=\begin{cases}p_{k+1}, & \text{当}k\text{为奇数},\\ \dfrac{1}{p_{k-1}}, & \text{当}k\text{为偶数}.\end{cases} \quad ⑤$$

然后利用函数g定义函数$f: Q^+\to Q^+$如下：若$Q^+\ni x=p_1^{\alpha_1}p_2^{\alpha_2}\cdots p_s^{\alpha_s}$，其中$\alpha_i$都是整数（当然可以是0或负整数），$i=1,2,\cdots,s$，则定义

$$f(x)=(g(p_1))^{\alpha_1}(g(p_2))^{\alpha_2}\cdots(g(p_s))^{\alpha_s}. \quad ⑥$$

下面我们来验证这里定义的$f(x)$满足②和③. 事实上，由于⑥中的指数$\alpha_1,\alpha_2,\cdots,\alpha_s$可以为任意整数，所以⑥式对所有$x\in Q^+$都有意义.

显然，⑥式定义的函数$f(x)$满足(4). 当$Q^+\ni y=p_1^{\beta_1}p_2^{\beta_2}\cdots p_n^{\beta_n}$时，由⑥有

$$\begin{aligned}f\left(\frac{1}{y}\right)&=f(p_1^{-\beta_1}p_2^{-\beta_2}\cdots p_n^{-\beta_n})\\&=(g(p_1))^{-\beta_1}(g(p_2))^{-\beta_2}\cdots(g(p_n))^{-\beta_n}\\&=\frac{1}{(g(p_1))^{\beta_1}(g(p_2))^{\beta_2}\cdots(g(p_n))^{\beta_n}}=\frac{1}{f(y)}.\end{aligned}$$

即③成立.

又因，

$$f(g(p_k))=g(g(p_k))=\frac{1}{p_k}, \quad k=1,2,\cdots,$$

由f和g的定义有

$$\begin{aligned}f(f(y))&=(f(g(p_1)))^{\beta_1}(f(g(p_2)))^{\beta_2}\cdots(f(g(p_n)))^{\beta_n}\\&=\left(\frac{1}{p_1}\right)^{\beta_1}\left(\frac{1}{p_2}\right)^{\beta_2}\cdots\left(\frac{1}{p_n}\right)^{\beta_n}=\frac{1}{y},\end{aligned}$$

即②成立，从而①成立.

22. 求出满足下列条件

(i) $f(xf(y))=yf(x)$;

(ii) $\lim\limits_{x\to+\infty}f(x)=0$.

的所有定义在正实数集上且取正值的函数$f(x)$. (1983年IMO 1题)

解 取$y=1$,由(i)有

$$f(xf(1))=f(x).$$ 从特殊值入手 ①

若$f(1)\neq1$,则由①式便可推得

$x=1$, $f(f(1))=f(1)$;

$x=f^k(1)$, $f(f^k(1)\cdot f(1))=f(f^k(1))$. $f(f^{k+1}(1))=f(f^k(1))$

递推有

$$f(f^{k+1}(1))=f(f^k(1))=\cdots=f(f^2(1))=f(f(1))=f(1),$$

其中$k=0,1,2,\cdots$. 类似地有 ②

$x=f^{-k}(1)$, $f(f^{-k}(1)\cdot f(1))=f(f^{-k}(1))$

$$f(f^{-k+1}(1))=f(f^{-k}(1)).$$

所以有

$$f(f^{-k}(1))=f(f^{-(k-1)}(1)).$$

即②式于$k=-1,-2,-3,\cdots$时也成立.

当$f(1)>1$时,$\lim\limits_{k\to+\infty}f^k(1)=+\infty$;当$f(1)<1$时,$\lim\limits_{k\to-\infty}f^k(1)=+\infty$. 都与(ii)矛盾. 故必有$f(1)=1$.

在(i)中取$x=1$,于是有

$$f(f(y))=y.$$

这表明,函数f的反函数就是它自己. 因此$f(x)=x$或$f(x)=\frac{1}{x}$.

再由(ii)知，$f(x)=\frac{1}{x}$.

24. 是否存在一个$(-\infty,+\infty)$上的连续函数$f(x)$，使对任何$a\in R$，都存在3个不同的x值$x_1<x_2<x_3$，使得$f(x_1)=f(x_2)=f(x_3)=a$？

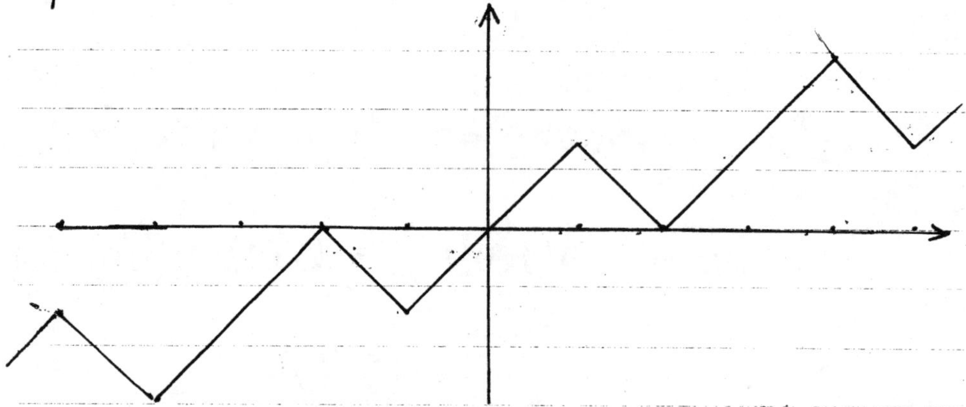

若还要求$f(x)$为可导函数，是否还存在？

23 是否存在函数 $f(x)$，使对一切 $x\in\mathbb{R}$，都有

$$f(f(x))=x^2-2?$$ （长沙一中《高中数学》8页例3）

解 设满足题中要求的函数 $f(x)$ 存在。

设 $f^{(n)}(x)=\underbrace{f\circ f\circ\cdots\circ f}_{n\text{重}}(x)$，并记 $g=f^{(2)}$，$h=f^{(4)}=g^{(2)}$，于是

$$g(x)=x^2-2,\quad h(x)=x^4-4x^2+2.$$

容易求出 $g(x)$ 与 $h(x)$ 的不动点集分别为 S_1 和 S_2：

$$S_1=\{-1,2\},\quad S_2=\{-1,2,-\tfrac{1}{2}(1+\sqrt5),-\tfrac{1}{2}(1-\sqrt5)\}.$$

取 $\alpha=-\frac{1}{2}(1-\sqrt5)\in S_2-S_1$，于是 $f^{(4)}(\alpha)=\alpha$，从而知 $\{\alpha,f(\alpha),f^{(2)}(\alpha),f^{(3)}(\alpha)\}\subset S_2$。若 $\alpha,f(\alpha),f^{(2)}(\alpha),f^{(3)}(\alpha)$ 中有两个相等，设有 $f^{(i)}(\alpha)=f^{(j)}(\alpha)$，$1\le i<j\le3$，则有

$$f^{(4+i-j)}(\alpha)=f^{(4-j)}(f^{(i)}(\alpha))=f^{(4-j)}(f^{(j)}(\alpha))=f^{(4)}(\alpha)=\alpha.$$

记 $k=4+i-j\in\{1,2,3\}$，于是 $f^{(k)}(\alpha)=\alpha$。

因 $\alpha\notin S_1$，故 $f^{(2)}(\alpha)\ne\alpha$。若 $f(\alpha)=\alpha$，则 $f^{(2)}(\alpha)=\alpha$，矛盾，故 $k\ne1,2$，所以只能是 $f^{(3)}(\alpha)=\alpha$，但这时又有

$$f^{(2)}(\alpha)=f^{(6)}(\alpha)=f^{(3)}(f^{(3)}(\alpha))=f^{(3)}(\alpha)=\alpha.$$

矛盾。所以 $\alpha,f(\alpha),f^{(2)}(\alpha),f^{(3)}(\alpha)$ 互不相同，恰为 S_2 中4个元素的一个排列。于是 $\exists j$，$1\le j\le3$，使 $f^{(j)}(\alpha)=2$，

若 $j=1$，则 $f(\alpha)=2$，$f^{(3)}(\alpha)=f^{(2)}(f(\alpha))=f^{(2)}(2)=2$，矛盾；

若 $j=2$，$f^{(2)}(\alpha)=2$，则 $f^{(4)}(\alpha)=f^{(2)}(2)=2$，此与 $\alpha\in S_2$ 矛盾；

若 $j=3$，$f^{(3)}(\alpha)=2$，则 $f(\alpha)=f^{(5)}(\alpha)=f^{(2)}(f^{(3)}(\alpha))=f^{(2)}(2)=2$，

又导致矛盾。

综上可知，满足题中要求的 $f(x)$ 不存在。

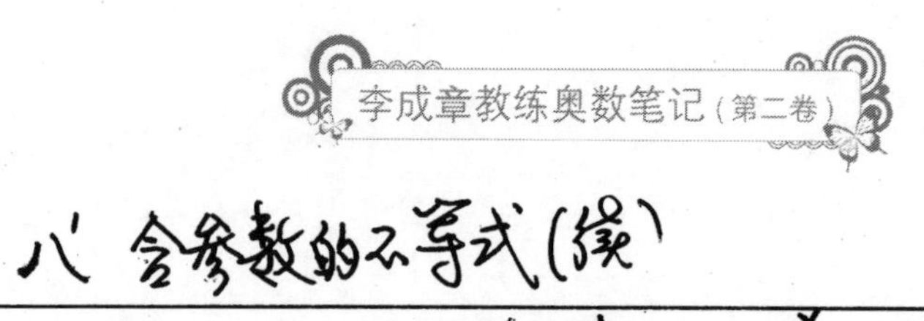

八 含参数的不等式(续)

13 设 $a>0$，$b>0$，试求使 $ax+\frac{x}{x-1}>b$ 对所有 $x>1$ 都成立的充分必要条件。（《长沙一中(上)》197页例1）

解 记 $f(x)=ax+\frac{x}{x-1}$，于是由均值不等式有

$$f(x)=ax+\frac{x}{x-1}=a+a(x-1)+\frac{1}{x-1}+1$$

$$\geq a+2\sqrt{a}+1=(\sqrt{a}+1)^2. \quad ①$$

为使不等式

$$f(x)>b$$

对所有 $x>1$ 都成立，应有

$$\min_{x>1} f(x)>b. \quad ②$$

注意①式中等号成立当且仅当

$$a(x-1)=\frac{1}{x-1}, \quad (x-1)^2=\frac{1}{a}, \quad x-1=\frac{1}{\sqrt{a}},$$

$$x=1+\frac{1}{\sqrt{a}}.$$

即有

$$\min_{x>1} f(x)=(\sqrt{a}+1)^2>b.$$

$$\sqrt{a}+1>\sqrt{b}.$$

这就是所求之充分必要条件。

14　设实数A，B，C使得不等式

$$A(x-y)(x-z)+B(y-z)(y-x)+C(z-x)(z-y)\geqslant 0 \quad ①$$

对任何实数x，y，z都成立，求A，B，C应满足的充分必要条件.

（1988年中国集训队选拔考试 1题）

解　在①式中令$x=y$，得到

$$C(z-x)^2\geqslant 0.$$

由此可知$C\geqslant 0$. 同理$A\geqslant 0$，$B\geqslant 0$，即有

$$A\geqslant 0，B\geqslant 0，C\geqslant 0. \quad ②$$

再令$x-y=s$，$y-z=t$，于是$x-z=s+t$. 代入①式，得到

$$As(s+t)+Bt(-s)+C(-s-t)(-t)\geqslant 0$$

$$As^2+(A-B+C)st+Ct^2\geqslant 0. \quad ③$$

由于①式对任何实数x，y，z都成立，所以③式对任何实数s，t都成立. 由判别式法知③式成立的充分必要条件是

$$0\geqslant \Delta=(A-B+C)^2-4AC$$

$$A^2+B^2+C^2-2AB-2BC-2CA\leqslant 0.$$

$$A^2+B^2+C^2\leqslant 2AB+2BC+2CA$$

$$=2(AB+BC+CA). \quad ④$$

综上可知，A，B，C应满足的条件是②和④，这当然是使①成立的充分必要条件.

连续最值问题16（2005年全国联赛二试二题）

设正数 a,b,c,x,y,z 满足 $cy+bz=a$，$az+cx=b$，$bx+ay=c$. 求函数 $f(x,y,z)=\frac{x^2}{1+x}+\frac{y^2}{1+y}+\frac{z^2}{1+z}$ 的最小值.

解1　由已知条件得

$$-a(cy+bz-a)+b(az+cx-b)+c(bx+ay-c)=0,$$

$$2bcx+a^2-b^2-c^2=0,$$

$$x=\frac{b^2+c^2-a^2}{2bc}.$$

同理得

$$y=\frac{a^2+c^2-b^2}{2ac},\quad z=\frac{a^2+b^2-c^2}{2ab}.$$

因 a,b,c,x,y,z 都是正数，所以有

$$a^2+c^2>b^2,\ a^2+b^2>c^2,\ b^2+c^2>a^2.$$

令

$$\alpha=b^2+c^2-a^2,\ \beta=a^2+c^2-b^2,\ \gamma=a^2+b^2-c^2,$$

于是 $\alpha>0$，$\beta>0$，$\gamma>0$ 且有

$$a=\sqrt{\frac{\beta+\gamma}{2}},\ b=\sqrt{\frac{\gamma+\alpha}{2}},\ c=\sqrt{\frac{\alpha+\beta}{2}}.$$

从而又有

$$x=\frac{\alpha}{\sqrt{(\gamma+\alpha)(\alpha+\beta)}},\ y=\frac{\beta}{\sqrt{(\beta+\gamma)(\alpha+\beta)}},\ z=\frac{\gamma}{\sqrt{(\gamma+\alpha)(\beta+\gamma)}}.$$

将此代入函数 $f(x,y,z)$ 的表达式，得到

$$f(x,y,z)=\frac{\frac{\alpha^2}{(\gamma+\alpha)(\alpha+\beta)}}{1+\frac{\alpha}{\sqrt{(\gamma+\alpha)(\alpha+\beta)}}}+\frac{\frac{\beta^2}{(\beta+\gamma)(\beta+\alpha)}}{1+\frac{\beta}{\sqrt{(\beta+\gamma)(\beta+\alpha)}}}+\frac{\frac{\gamma^2}{(\gamma+\alpha)(\gamma+\beta)}}{1+\frac{\gamma}{\sqrt{(\gamma+\alpha)(\gamma+\beta)}}}$$

$$=\frac{\alpha^2}{(\alpha+\beta)(\alpha+\gamma)+\alpha\sqrt{(\alpha+\beta)(\alpha+\gamma)}}+\frac{\beta^2}{(\beta+\alpha)(\beta+\gamma)+\beta\sqrt{(\beta+\alpha)(\beta+\gamma)}}$$

$$+\frac{\gamma^2}{(\gamma+\alpha)(\gamma+\beta)+\gamma\sqrt{(\gamma+\alpha)(\gamma+\beta)}}$$

$$=\Big[\frac{\alpha^2}{(\alpha+\beta)(\alpha+\gamma)+\alpha\sqrt{(\alpha+\beta)(\alpha+\gamma)}}+\frac{\beta^2}{(\beta+\alpha)(\beta+\gamma)+\beta\sqrt{(\beta+\alpha)(\beta+\gamma)}}$$

$$+\frac{\gamma^2}{(\gamma+\alpha)(\gamma+\beta)+\gamma\sqrt{(\gamma+\alpha)(\gamma+\beta)}}\Big]\cdot$$

$$\cdot\frac{\big[(\alpha+\beta)(\alpha+\gamma)+\alpha\sqrt{(\alpha+\beta)(\alpha+\gamma)}+(\beta+\alpha)(\beta+\gamma)+\beta\sqrt{(\beta+\alpha)(\beta+\gamma)}+(\gamma+\alpha)(\gamma+\beta)+\gamma\sqrt{(\gamma+\beta)(\gamma+\alpha)}\big]}{\big[(\alpha+\beta)(\alpha+\gamma)+\alpha\sqrt{(\alpha+\beta)(\alpha+\gamma)}+(\beta+\alpha)(\beta+\gamma)+\beta\sqrt{(\beta+\alpha)(\beta+\gamma)}+(\gamma+\alpha)(\gamma+\beta)+\gamma\sqrt{(\gamma+\alpha)(\gamma+\beta)}\big]}$$

（柯西不等式）

$$\geqslant\frac{(\alpha+\beta+\gamma)^2}{\big[(\alpha+\beta)(\alpha+\gamma)+\alpha\sqrt{(\alpha+\beta)(\alpha+\gamma)}\big]+\big[(\beta+\alpha)(\beta+\gamma)+\beta\sqrt{(\beta+\alpha)(\beta+\gamma)}\big]+\big[(\gamma+\alpha)(\gamma+\beta)+\gamma\sqrt{(\gamma+\alpha)(\gamma+\beta)}\big]}$$

（均值不等式）

$$\geqslant\frac{(\alpha^2+\beta^2+\gamma^2)+2(\alpha\beta+\beta\gamma+\gamma\alpha)}{(\alpha^2+\beta^2+\gamma^2)+3(\alpha\beta+\beta\gamma+\gamma\alpha)+\alpha\cdot\frac{2\alpha+\beta+\gamma}{2}+\beta\frac{2\beta+\gamma+\alpha}{2}+\gamma\frac{2\gamma+\alpha+\beta}{2}}$$

$$=\frac{(\alpha^2+\beta^2+\gamma^2)+2(\alpha\beta+\beta\gamma+\gamma\alpha)}{2(\alpha^2+\beta^2+\gamma^2)+4(\alpha\beta+\beta\gamma+\gamma\alpha)}=\frac{1}{2},$$

当且仅当$\alpha=\beta=\gamma$，即当$a=b=c$时上式中等号成立，故所求函数$f(x,y,z)$的最小值为$\frac{1}{2}$.

解2 与解1中一样地有

$$x=\frac{b^2+c^2-a^2}{2bc},\quad y=\frac{a^2+c^2-b^2}{2ac},\quad z=\frac{a^2+b^2-c^2}{2ab}.$$

令

$$\alpha=b^2+c^2-a^2,\ \beta=a^2+c^2-b^2,\ \gamma=a^2+b^2-c^2,$$

于是 $\alpha>0$，$\beta>0$，$\gamma>0$ 且

$$a=\sqrt{\frac{\beta+\gamma}{2}},\quad b=\sqrt{\frac{\alpha+\gamma}{2}},\quad c=\sqrt{\frac{\alpha+\beta}{2}}.$$

从而有

$$x=\frac{\alpha}{\sqrt{(\alpha+\beta)(\alpha+\gamma)}},\ y=\frac{\beta}{\sqrt{(\beta+\alpha)(\beta+\gamma)}},\ z=\frac{\gamma}{\sqrt{(\gamma+\alpha)(\gamma+\beta)}}.$$

将此代入 $f(x,y,z)$ 的表达式，有

$$f(x,y,z)=\frac{\alpha^2}{(\alpha+\beta)(\alpha+\gamma)+\alpha\sqrt{(\alpha+\beta)(\alpha+\gamma)}}+\frac{\beta^2}{(\beta+\alpha)(\beta+\gamma)+\beta\sqrt{(\beta+\alpha)(\beta+\gamma)}}$$
$$+\frac{\gamma^2}{(\gamma+\alpha)(\gamma+\beta)+\gamma\sqrt{(\gamma+\alpha)(\gamma+\beta)}}.\qquad ①$$

注意，这是一个零次齐次函数，故可设 $\alpha+\beta+\gamma=1$.

因为

$$(\alpha+\beta)(\alpha+\gamma)=\alpha^2+\alpha(\beta+\gamma)+\beta\gamma$$
$$\leq\alpha^2+\alpha(1-\alpha)+\left(\frac{1-\alpha}{2}\right)^2=\left(\frac{1+\alpha}{2}\right)^2,$$

所以有

$$\frac{\alpha^2}{(\alpha+\beta)(\alpha+\gamma)+\alpha\sqrt{(\alpha+\beta)(\alpha+\gamma)}}\geq\frac{\alpha^2}{\left(\frac{1+\alpha}{2}\right)^2+\alpha\cdot\frac{1+\alpha}{2}}$$
$$=\frac{4\alpha^2}{3\alpha^2+4\alpha+1}\triangleq g(\alpha).\qquad ②$$

将(2)代入①，得到

$$f(x,y,z) \geq g(\alpha)+g(\beta)+g(\gamma). \qquad ③$$

对于函数 $g(t)=\frac{4t^2}{3t^2+4t+1}$ 求导，我们有

$$g'(t)=\frac{8t(3t^2+4t+1)-4t^2(6t+4)}{(3t^2+4t+1)^2}=\frac{8(2t^2+t)}{(3t^2+4t+1)^2}$$

$$g''(t)=8\,\frac{(4t+1)(3t^2+4t+1)^2-2(2t^2+t)(3t^2+4t+1)(6t+4)}{(3t^2+4t+1)^4}$$

$$=8\,\frac{(4t+1)(3t^2+4t+1)-2(2t^2+t)(6t+4)}{(3t^2+4t+1)^3}$$

$$=8\,\frac{12t^3+3t^2+16t^2+8t+1-24t^3-16t^2-12t^2-8t}{(3t^2+4t+1)^3}$$

1. 求函数 $y=x+\sqrt{x^2-3x+2}$ 的值域

（2001年全国联赛一试11题）

解1 $y-x=\sqrt{x^2-3x+2}\geqslant 0$.

两端同时平方得

$$y^2-2xy+x^2=x^2-3x+2,\quad (2y-3)x=y^2-2.$$

从而有

$$y\neq\frac{3}{2},\quad x=\frac{y^2-2}{2y-3}.$$

于是

$$y-x=y-\frac{y^2-2}{2y-3}=\frac{y^2-3y+2}{2y-3}\geqslant 0.$$

由此可得

$$1\leqslant y<\frac{3}{2}\text{ 或 }y\geqslant 2.$$

任取 $y\geqslant 2$，取 $x=\frac{y^2-2}{2y-3}$，易知

$$\frac{y^2-2}{2y-3}=\frac{y^2-\frac{9}{4}+\frac{1}{4}}{2(y-\frac{3}{2})}=\frac{1}{2}\left(y+\frac{3}{2}\right)+\frac{\frac{1}{4}}{2y-3}$$

$$=\frac{3}{2}+\frac{1}{2}\left(y-\frac{3}{2}\right)+\frac{\frac{1}{4}}{2y-3}\geqslant\frac{3}{2}+\frac{1}{2}=2.\quad ①$$

即 $x\geqslant 2$. 于是 $x^2-3x+2\geqslant 0$. 从而有

$$y=x+\sqrt{x^2-3x+2}.$$

即这样的 y 值确能取得.

当 $1\leqslant y<\frac{3}{2}$ 时，同样令 $x=\frac{y^2-2}{2y-3}$，像①一样地有

$$\frac{y^2-2}{2y-3}=\frac{3}{2}+\frac{1}{2}\left(y-\frac{3}{2}\right)+\frac{1}{4(2y-3)}$$

$$=\frac{3}{2}-\left[\frac{1}{4}(3-2y)+\frac{1}{4(3-2y)}\right]\leqslant\frac{3}{2}-\frac{1}{2}=1.$$

即有 $x\leqslant 1$. 于是 $x^2-3x+2\geqslant 0$. $y=x+\sqrt{x^2-3x+2}$.

综上，所求函数 y 的值域为 $\left[1,\frac{3}{2}\right)\cup[2,+\infty)$.

解2 因为

$$x^2-3x+2=(x-1)(x-2)\geqslant 0,$$

故知函数 y 的定义域为 $(-\infty,1]\cup[2,+\infty)$，且在定义域上为连续函数。

接求导式有

$$y'=1+\frac{2x-3}{2\sqrt{x^2-3x+2}}\begin{cases}<0, & x<1,\\ >0, & x>2.\end{cases}$$

$$2\sqrt{x^2-3x+2}<|2x-3|$$

$$\Longleftrightarrow\quad 4(x^2-3x+2)<4x^2-12x+9 \text{ 成立.}$$

又因 $f(1)=1$，$f(2)=2$.

$$\lim_{x\to+\infty}y=+\infty,$$

$$\begin{aligned}\lim_{x\to-\infty}y&=\lim_{x\to-\infty}\left(x+\sqrt{x^2-3x+2}\right)\\&=\lim\frac{(\sqrt{x^2-3x+2}+x)(\sqrt{x^2-3x+2}-x)}{\sqrt{x^2-3x+2}-x}\\&=\lim_{x\to-\infty}\frac{-3x+2}{\sqrt{x^2-3x+2}-x}=\frac{3}{2}.\end{aligned}$$

所以函数 $y=f(x)$ 在 $(-\infty,1]$ 上递减（严格）且在 $[2,+\infty)$ 上严格递增，从而值域为 $[1,\frac{3}{2})\cup[2,+\infty)$.

反证法

2 若三角形的两条内角平分线相等，则它为等腰三角形。

证1 若 $AB\neq AC$，不妨设 $AB>AC$。

于是 $\angle ACB>\angle ABC$。

$\therefore \angle 2=\frac{1}{2}\angle ABC<\frac{1}{2}\angle ACB=\angle 3$。

$\because BE=CD$，$BC=BC$，

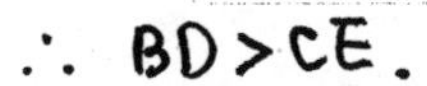

$\therefore BD>CE$。

过点D作 $DF \mathrel{\underline{\parallel}} BE$，连结FE，FC，于是四边形DBEF为平行四边形，$\triangle DCF$ 为等腰三角形。

$\therefore \angle DFC=\angle DCF$。

$\because \angle 5=\angle 1=\frac{1}{2}\angle ABC<\frac{1}{2}\angle ACB=\angle 4$，

$\therefore \angle EFC>\angle ECF$。$\therefore EC>EF=BD$，矛盾。

$\therefore AB=AC$，即 $\triangle ABC$ 为等腰三角形。

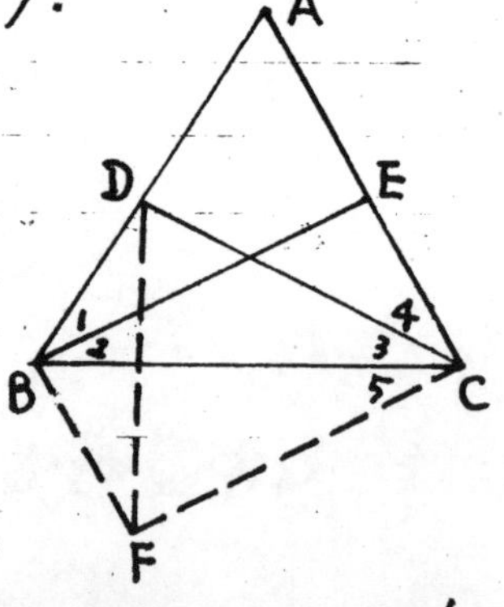

证2 若 $AB\neq AC$，不妨设 $AB>AC$。

于是 $\angle ACB>\angle ABC$。

$\therefore \angle 2=\frac{1}{2}\angle ABC<\frac{1}{2}\angle ACB=\angle 3$。

$\because BE=CD$，$BC=BC$，

$\therefore BD>CE$。

过点C作 $CF \mathrel{\underline{\parallel}} EB$，连结FB，FD，于是四边形BFCE为平行四边形且 $\triangle CDF$ 为等腰三角形。

$\therefore \angle CDF = \angle CFD$.

$$\begin{aligned}\therefore \angle BDF &= 180^\circ - \angle ABC - \angle 3 - \angle CDF \\ &= 180^\circ - \angle 1 - \angle 2 - \angle 3 - \angle CDF \\ &> 180^\circ - \angle 4 - \angle 2 - \angle 3 - \angle CFD \\ &= 180^\circ - \angle CBF - \angle BCF - \angle CFD = \angle BFD.\end{aligned}$$

$\therefore BD < BF = CE$. 矛盾.

$\therefore AB = AC$，即$\triangle ABC$为等腰三角形.

证3　我们利用三边长a, b, c来表示内角平分线BE和CD之长.

$$\frac{BD}{DA} = \frac{BC}{CA},\quad \frac{BD}{c} = \frac{a}{a+b},$$

$$BD = \frac{ac}{a+b},\quad CE = \frac{ab}{a+c}.$$

由余弦定理有

$$\cos B = \frac{c^2+a^2-b^2}{2ac},\quad \cos C = \frac{a^2+b^2-c^2}{2ab}.$$

$$\begin{aligned}\therefore BE^2 &= a^2 + CE^2 - 2a\cdot CE\cdot\cos C \\ &= a^2 + \left(\frac{ab}{a+c}\right)^2 - 2a\cdot\frac{ab}{a+c}\cdot\frac{a^2+b^2-c^2}{2ab} \\ &= \frac{a^4+2a^3c+a^2c^2+a^2b^2-a^4-a^2b^2+a^2c^2-a^3c-ab^2c+ac^3}{(a+c)^2} \\ &= \frac{ac(a^2+2ac+c^2-b^2)}{(a+c)^2} \\ &= ac - \frac{acb^2}{(a+c)^2} = ac\left(1-\frac{b^2}{(a+c)^2}\right).\end{aligned}$$

同理 $CD^2 = ab\left(1-\frac{c^2}{(a+b)^2}\right)$.

若 $AB>AC$，即 $c>b$，则 $a+c>a+b$，$\frac{b}{a+c}<\frac{c}{a+b}$.

$\therefore 1-\left(\frac{b}{a+c}\right)^2>1-\left(\frac{c}{a+b}\right)^2$.

$\therefore BE^2=ac\left[1-\left(\frac{b}{a+c}\right)^2\right]>ab\left[1-\left(\frac{c}{a+b}\right)^2\right]=CD^2$.

$\therefore BE>CD$. 矛盾.

证4 $\because BE=CD$，

$\therefore ac\left[1-\left(\frac{b}{a+c}\right)^2\right]=BE^2=CD^2=ab\left[1-\left(\frac{c}{a+b}\right)^2\right]$.

$\therefore c-\frac{b^2c}{(a+c)^2}=b-\frac{c^2b}{(a+b)^2}$.

$$(c-b)+bc\left[\frac{c}{(a+b)^2}-\frac{b}{(a+c)^2}\right]=0.$$

$$(c-b)(a+b)^2(a+c)^2+bc^2(a+c)^2-b^2c(a+b)^2=0.$$

$$(c-b)(a+b)^2(a+c)^2+bc(a^2c+2ac^2+c^3-a^2b-2ab^2-b^3)=0.$$

$$(c-b)\{(a+b)^2(a+c)^2+bc[a^2+2a(b+c)+c^2+b^2+bc]\}=0.$$

由于花括号中各项均为正，故只有

$c-b=0$，即 $AB=AC$.

◎

编辑手记

对外经济贸易大学副校长、国际商学院院长张新民曾说:“人力资源分三个层次:人物,人才,人手.”一个单位的主要社会声望、学术水准一定是有一些旗杆式的人物来作代表.

数学奥林匹克在中国是“显学”,有数以万计的教练员,但这里面绝大多数是人手和人才级别的,能称得上人物的寥寥无几.本书作者南开大学数学教授李成章先生算是一位.

有些人貌似牛×,但了解了之后发现实际上就是个傻×,有些人今天牛×,但没过多久,报纸上或中纪委网站上就会公布其也是个傻×.于是人们感叹,今日之中国还有没有一以贯之的人物,即看似不太牛×,但一了解还真挺牛×,以前就挺牛×,过了多少年之后还挺牛×,这样的人哪里多呢?余以为:数学圈里居多.上了点年纪的,细细琢磨,都挺牛×.在外行人看来挺平凡的老头,当年都是厉害的角色,正如本书作者——李成章先生.20世纪80年代,中国数学奥林匹克刚刚兴起之时,一批学有专长、治学严谨的中年数学工作者积极参与培训工作,使得中国奥数军团在国际上异军突起,成绩卓著.南方有常庚哲、单墫、杜锡录、苏淳、李尚志等,北方则首推李成章教授.当时还有一位齐东旭教授,后来齐教授退出了奥赛圈,而李成章教授则一直坚持至今,教奥数的教龄可能已长达30余年.屠呦呦教授在获拉斯克奖之前并不被多少中国人知晓,获了此奖后也只有少部分人关注,直到获诺贝尔奖后才被大多数中国人知晓,在之前长达40年无人知晓.李成章教授也是如此,尽管他不是三无教授,他有博士学位,但那又如何呢?一个不善钻营,老老实实做人,踏踏实实做事的知识分子的命运如果不出什么意外,大致也就是如此了.但圈内人会记得,会在恰当的时候向其表示致敬.

本书尽管不那么系统，不那么体例得当，但它是绝对的原汁原味，纯手工制作，许多题目都是作者自己原创的，而且在组合分析领域绝对是国内一流. 学过竞赛的人都知道，组合问题既不好学也不好教，原因是它没有统一的方法，几乎是一题一样，完全凭借巧思，而且国内著作大多东抄西抄，没真东西，但本书恰好弥补了这一缺失.

李教授是吉林人，东北口音浓重，自幼学习成绩优异，以高分考入吉林大学数学系，后在王柔怀校长门下攻读偏微分方程博士学位，深得王先生喜爱. 在《数学文化》杂志中曾刊登过王先生之子写的一个长篇回忆文章，其中就专门提到了李教授在偏微分方程方面的突出贡献. 李教授为人耿直，坚持真理不苟同，颇有求真务实之精神. 曾有人在报刊上这样形容：科普鹰派它是一个独特的品种，幼儿园老师问“树上有十只鸟，用枪打死一只，树上还有几只鸟?”大概答“九只”的，长大后成了科普鹰派；答“没有”的，长大后仍是普通人. 科普鹰派相信一切社会问题都可以还原为科学问题，普通人则相信“不那么科学”的常识.

李教授习惯于用数学的眼光看待一切事物，个性鲜明. 为了说明其在中国数学奥林匹克事业中的地位，举个例子：在20世纪八九十年代中国数学奥林匹克国家集训队上，队员们亲切地称其为“李军长”. 看过电影《南征北战》的人都知道，里面最经典的人物莫过于“张军长”和“李军长”，“张军长”的原型是抗日名将张灵甫，学生们将这一称号送给了北大教授张筑生，他是“文革”后北大的第一位数学博士，师从著名数学家廖山涛先生，热心数学奥林匹克事业，后英年早逝. 张筑生教授与李成章教授是那时中国队的主力教练，为中国数学奥林匹克走向世界立下了汗马功劳，也得到了一堆的奖状与证书. 至于一个成熟的偏微分方程专家为什么转而从事数学奥林匹克这样一个略显初等的工作，这恐怕是与当时的社会环境有关，有一个例子：1980年末，中科院冶金研究所博士黄佶到上海推销一款名为“胜天”的游戏机，同时为了苦练攻关技巧，把手指头也磨破了. 1990年，他将积累的一拳头高的手稿写成中国内地第一本攻略书——《电子游戏入门》.

这立即成为畅销书. 半年后，福州老师傅瓒也加入此列，出版了《电视游戏一点通》，结果一年内再版五次，总印量超过23万册，这在很大程度上要归功于他开创性地披露游戏秘籍.

一时间，几乎全中国的孩子都在疯狂念着口诀按手柄，最著名的莫过于“上上下下左右左右BA”，如果足够连贯地完成，游戏者就可以在魂斗罗开局时获得三十条命.

攻略书为傅瓒带来一万多元的版税收入，而当时作家梁晓声捻断须眉出一本小说也就得5 000元左右. 所以对于当时清贫的数学工作者来说，教数学竞赛是一个脱贫的机会.《连线》杂志创始主编、《失控》作者凯文·凯利(Kevin Kelly)相信：机遇优于效率——埋头苦干一生不及抓住机遇一次.

李教授十分敬业，俗称干一行爱一行. 笔者曾到过李教授的书房，以笔者的视角看李教授远不是博览群书型，其藏书量在数学界当然比不上上海的叶中豪，就是与笔者相比也仅为笔者的几十分之一，但是它专.2011年4月，中国人民大学政治系主任、知名学者张鸣教授在《文史博览》杂志上发表题为"学界的技术主义的泥潭"的文章，其中一段如下："画地为牢的最突出的表现，就是教授们不看书.出版界经常统计社会大众的阅读量，越统计越泄气，无疑，社会大众的阅读量是逐年下降的，跟美国、日本这样的发达国家，距离越拉越大.其实，中国的教授，阅读量也不大.我们很多著名院校的理工科教授，家里几乎没有什么藏书，顶多有几本工具书，一些专业杂志.有位父母都是著名工科教授的学生告诉我，在家里，他买书是要挨骂的.社会科学的教授也许会有几本书，但多半跟自己的专业有关.文史哲的教授藏书比较多一点，但很多人真正看的，也就是自己的专业书籍，小范围的专业书籍.众教授的读书经历，就是专业训练的过程，从教科书到专业杂志，舍此而外，就意味着不务正业."

李教授的藏书有两类.一类是关于偏微分方程方面的，多是英文专著，是其在读博士期间用科研经费买的早期影印版(没买版权的)，其中有盖尔方特的《广义函数》(4卷本)等名著，第二类就是各种数学奥林匹克参考书，收集的十分齐全，排列整整齐齐.如果从理想中知识分子应具有的博雅角度审视李教授，似乎他还有些不完美.但是要从"专业至上"，"技术救国"的角度看，李教授堪称完美，从这九大本一丝不苟的讲义(李教授家里这样的笔记还有好多本，本次先挑了这九本当作第一辑，所以在阅读时可能会有跳跃感，待全部出版后，定会像拼图完成一样有一个整体面貌)可见这是一个标准的技术型专家，是俄式人才培养理念的硕果.

不幸的是，在笔者与之洽谈出版事宜期间李教授患了脑瘤.之前李教授就得过中风等老年病，此次患病打击很重，手术后靠记扑克牌恢复记忆.但李教授每次与笔者谈的不是对生的渴望与对死亡的恐惧，而是谈奥数往事，谈命题思路，谈解题心得，可想其对奥数的痴迷与热爱.怎样形容他与奥数之间的这种不解之缘呢？突然记起了胡适的一首小诗，想了想，将它添在了本文的末尾.

醉过才知酒浓，
爱过才知情重，
你不能做我的诗，
正如我不能做你的梦.

刘培杰
2016年1月1日
于哈工大

刘培杰数学工作室

已出版(即将出版)图书目录——初等数学

书　名	出版时间	定　价	编号
新编中学数学解题方法全书(高中版)上卷(第2版)	2018—08	58.00	951
新编中学数学解题方法全书(高中版)中卷(第2版)	2018—08	68.00	952
新编中学数学解题方法全书(高中版)下卷(一)(第2版)	2018—08	58.00	953
新编中学数学解题方法全书(高中版)下卷(二)(第2版)	2018—08	58.00	954
新编中学数学解题方法全书(高中版)下卷(三)(第2版)	2018—08	68.00	955
新编中学数学解题方法全书(初中版)上卷	2008—01	28.00	29
新编中学数学解题方法全书(初中版)中卷	2010—07	38.00	75
新编中学数学解题方法全书(高考复习卷)	2010—01	48.00	67
新编中学数学解题方法全书(高考真题卷)	2010—01	38.00	62
新编中学数学解题方法全书(高考精华卷)	2011—03	68.00	118
新编平面解析几何解题方法全书(专题讲座卷)	2010—01	18.00	61
新编中学数学解题方法全书(自主招生卷)	2013—08	88.00	261

书　名	出版时间	定　价	编号
数学奥林匹克与数学文化(第一辑)	2006—05	48.00	4
数学奥林匹克与数学文化(第二辑)(竞赛卷)	2008—01	48.00	19
数学奥林匹克与数学文化(第二辑)(文化卷)	2008—07	58.00	36′
数学奥林匹克与数学文化(第三辑)(竞赛卷)	2010—01	48.00	59
数学奥林匹克与数学文化(第四辑)(竞赛卷)	2011—08	58.00	87
数学奥林匹克与数学文化(第五辑)	2015—06	98.00	370

书　名	出版时间	定　价	编号
世界著名平面几何经典著作钩沉——几何作图专题卷(共3卷)	2022—01	198.00	1460
世界著名平面几何经典著作钩沉(民国平面几何老课本)	2011—03	38.00	113
世界著名平面几何经典著作钩沉(建国初期平面三角老课本)	2015—08	38.00	507
世界著名解析几何经典著作钩沉——平面解析几何卷	2014—01	38.00	264
世界著名数论经典著作钩沉(算术卷)	2012—01	28.00	125
世界著名数学经典著作钩沉——立体几何卷	2011—02	28.00	88
世界著名三角学经典著作钩沉(平面三角卷Ⅰ)	2010—06	28.00	69
世界著名三角学经典著作钩沉(平面三角卷Ⅱ)	2011—01	38.00	78
世界著名初等数论经典著作钩沉(理论和实用算术卷)	2011—07	38.00	126
世界著名几何经典著作钩沉(解析几何卷)	2022—10	68.00	1564

书　名	出版时间	定　价	编号
发展你的空间想象力(第3版)	2021—01	98.00	1464
空间想象力进阶	2019—05	68.00	1062
走向国际数学奥林匹克的平面几何试题诠释.第1卷	2019—07	88.00	1043
走向国际数学奥林匹克的平面几何试题诠释.第2卷	2019—09	78.00	1044
走向国际数学奥林匹克的平面几何试题诠释.第3卷	2019—03	78.00	1045
走向国际数学奥林匹克的平面几何试题诠释.第4卷	2019—09	98.00	1046
平面几何证明方法全书	2007—08	35.00	1
平面几何证明方法全书习题解答(第2版)	2006—12	18.00	10
平面几何天天练上卷·基础篇(直线型)	2013—01	58.00	208
平面几何天天练中卷·基础篇(涉及圆)	2013—01	28.00	234
平面几何天天练下卷·提高篇	2013—01	58.00	237
平面几何专题研究	2013—07	98.00	258
平面几何解题之道.第1卷	2022—05	38.00	1494
几何学习题集	2020—10	48.00	1217
通过解题学习代数几何	2021—04	88.00	1301
圆锥曲线的奥秘	2022—06	88.00	1541

刘培杰数学工作室
已出版(即将出版)图书目录——初等数学

书　　名	出版时间	定　价	编号
最新世界各国数学奥林匹克中的平面几何试题	2007－09	38.00	14
数学竞赛平面几何典型题及新颖解	2010－07	48.00	74
初等数学复习及研究(平面几何)	2008－09	68.00	38
初等数学复习及研究(立体几何)	2010－06	38.00	71
初等数学复习及研究(平面几何)习题解答	2009－01	58.00	42
几何学教程(平面几何卷)	2011－03	68.00	90
几何学教程(立体几何卷)	2011－07	68.00	130
几何变换与几何证题	2010－06	88.00	70
计算方法与几何证题	2011－06	28.00	129
立体几何技巧与方法(第2版)	2022－10	168.00	1572
几何瑰宝——平面几何500名题暨1500条定理(上、下)	2021－07	168.00	1358
三角形的解法与应用	2012－07	18.00	183
近代的三角形几何学	2012－07	48.00	184
一般折线几何学	2015－08	48.00	503
三角形的五心	2009－06	28.00	51
三角形的六心及其应用	2015－10	68.00	542
三角形趣谈	2012－08	28.00	212
解三角形	2014－01	28.00	265
探秘三角形:一次数学旅行	2021－10	68.00	1387
三角学专门教程	2014－09	28.00	387
图天下几何新题试卷.初中(第2版)	2017－11	58.00	855
圆锥曲线习题集(上册)	2013－06	68.00	255
圆锥曲线习题集(中册)	2015－01	78.00	434
圆锥曲线习题集(下册·第1卷)	2016－10	78.00	683
圆锥曲线习题集(下册·第2卷)	2018－01	98.00	853
圆锥曲线习题集(下册·第3卷)	2019－10	128.00	1113
圆锥曲线的思想方法	2021－08	48.00	1379
圆锥曲线的八个主要问题	2021－10	48.00	1415
论九点圆	2015－05	88.00	645
近代欧氏几何学	2012－03	48.00	162
罗巴切夫斯基几何学及几何基础概要	2012－07	28.00	188
罗巴切夫斯基几何学初步	2015－06	28.00	474
用三角、解析几何、复数、向量计算解数学竞赛几何题	2015－03	48.00	455
用解析法研究圆锥曲线的几何理论	2022－05	48.00	1495
美国中学几何教程	2015－04	88.00	458
三线坐标与三角形特征点	2015－04	98.00	460
坐标几何学基础.第1卷,笛卡儿坐标	2021－08	48.00	1398
坐标几何学基础.第2卷,三线坐标	2021－09	28.00	1399
平面解析几何方法与研究(第1卷)	2015－05	18.00	471
平面解析几何方法与研究(第2卷)	2015－06	18.00	472
平面解析几何方法与研究(第3卷)	2015－07	18.00	473
解析几何研究	2015－01	38.00	425
解析几何学教程.上	2016－01	38.00	574
解析几何学教程.下	2016－01	38.00	575
几何学基础	2016－01	58.00	581
初等几何研究	2015－02	58.00	444
十九和二十世纪欧氏几何学中的片段	2017－01	58.00	696
平面几何中考.高考.奥数一本通	2017－07	28.00	820
几何学简史	2017－08	28.00	833
四面体	2018－01	48.00	880
平面几何证明方法思路	2018－12	68.00	913
折纸中的几何练习	2022－09	48.00	1559
中学新几何学(英文)	2022－10	98.00	1562
线性代数与几何	2023－04	68.00	1633

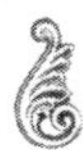

刘培杰数学工作室
已出版(即将出版)图书目录——初等数学

书　　名	出版时间	定　价	编号
平面几何图形特性新析.上篇	2019－01	68.00	911
平面几何图形特性新析.下篇	2018－06	88.00	912
平面几何范例多解探究.上篇	2018－04	48.00	910
平面几何范例多解探究.下篇	2018－12	68.00	914
从分析解题过程学解题:竞赛中的几何问题研究	2018－07	68.00	946
从分析解题过程学解题:竞赛中的向量几何与不等式研究(全2册)	2019－06	138.00	1090
从分析解题过程学解题:竞赛中的不等式问题	2021－01	48.00	1249
二维、三维欧氏几何的对偶原理	2018－12	38.00	990
星形大观及闭折线论	2019－03	68.00	1020
立体几何的问题和方法	2019－11	58.00	1127
三角代换论	2021－05	58.00	1313
俄罗斯平面几何问题集	2009－08	88.00	55
俄罗斯立体几何问题集	2014－03	58.00	283
俄罗斯几何大师——沙雷金论数学及其他	2014－01	48.00	271
来自俄罗斯的5000道几何习题及解答	2011－03	58.00	89
俄罗斯初等数学问题集	2012－05	38.00	177
俄罗斯函数问题集	2011－03	38.00	103
俄罗斯组合分析问题集	2011－01	48.00	79
俄罗斯初等数学万题选——三角卷	2012－11	38.00	222
俄罗斯初等数学万题选——代数卷	2013－08	68.00	225
俄罗斯初等数学万题选——几何卷	2014－01	68.00	226
俄罗斯《量子》杂志数学征解问题100题选	2018－08	48.00	969
俄罗斯《量子》杂志数学征解问题又100题选	2018－08	48.00	970
俄罗斯《量子》杂志数学征解问题	2020－05	48.00	1138
463个俄罗斯几何老问题	2012－01	28.00	152
《量子》数学短文精粹	2018－09	38.00	972
用三角、解析几何等计算解来自俄罗斯的几何题	2019－11	88.00	1119
基谢廖夫平面几何	2022－01	48.00	1461
基谢廖夫立体几何	2023－04	48.00	1599
数学:代数、数学分析和几何(10－11年级)	2021－01	48.00	1250
立体几何.10—11年级	2022－01	58.00	1472
直观几何学:5—6年级	2022－04	58.00	1508
平面几何:9—11年级	2022－10	48.00	1571

书　　名	出版时间	定　价	编号
谈谈素数	2011－03	18.00	91
平方和	2011－03	18.00	92
整数论	2011－05	38.00	120
从整数谈起	2015－10	28.00	538
数与多项式	2016－01	38.00	558
谈谈不定方程	2011－05	28.00	119
质数漫谈	2022－07	68.00	1529

书　　名	出版时间	定　价	编号
解析不等式新论	2009－06	68.00	48
建立不等式的方法	2011－03	98.00	104
数学奥林匹克不等式研究(第2版)	2020－07	68.00	1181
不等式研究(第二辑)	2012－02	68.00	153
不等式的秘密(第一卷)(第2版)	2014－02	38.00	286
不等式的秘密(第二卷)	2014－01	38.00	268
初等不等式的证明方法	2010－06	38.00	123
初等不等式的证明方法(第二版)	2014－11	38.00	407
不等式・理论・方法(基础卷)	2015－07	38.00	496
不等式・理论・方法(经典不等式卷)	2015－07	38.00	497
不等式・理论・方法(特殊类型不等式卷)	2015－07	48.00	498
不等式探究	2016－03	38.00	582
不等式探秘	2017－01	88.00	689
四面体不等式	2017－01	68.00	715
数学奥林匹克中常见重要不等式	2017－09	38.00	845

刘培杰数学工作室
已出版(即将出版)图书目录——初等数学

书　　名	出版时间	定　价	编号
三正弦不等式	2018－09	98.00	974
函数方程与不等式:解法与稳定性结果	2019－04	68.00	1058
数学不等式.第1卷,对称多项式不等式	2022－05	78.00	1455
数学不等式.第2卷,对称有理不等式与对称无理不等式	2022－05	88.00	1456
数学不等式.第3卷,循环不等式与非循环不等式	2022－05	88.00	1457
数学不等式.第4卷,Jensen不等式的扩展与加细	2022－05	88.00	1458
数学不等式.第5卷,创建不等式与解不等式的其他方法	2022－05	88.00	1459
同余理论	2012－05	38.00	163
[x]与{x}	2015－04	48.00	476
极值与最值.上卷	2015－06	28.00	486
极值与最值.中卷	2015－06	38.00	487
极值与最值.下卷	2015－06	28.00	488
整数的性质	2012－11	38.00	192
完全平方数及其应用	2015－08	78.00	506
多项式理论	2015－10	88.00	541
奇数、偶数、奇偶分析法	2018－01	98.00	876
不定方程及其应用.上	2018－12	58.00	992
不定方程及其应用.中	2019－01	78.00	993
不定方程及其应用.下	2019－02	98.00	994
Nesbitt不等式加强式的研究	2022－06	128.00	1527
最值定理与分析不等式	2023－02	78.00	1567
一类积分不等式	2023－02	88.00	1579
邦费罗尼不等式及概率应用	2023－05	58.00	1637
历届美国中学生数学竞赛试题及解答(第一卷)1950－1954	2014－07	18.00	277
历届美国中学生数学竞赛试题及解答(第二卷)1955－1959	2014－04	18.00	278
历届美国中学生数学竞赛试题及解答(第三卷)1960－1964	2014－06	18.00	279
历届美国中学生数学竞赛试题及解答(第四卷)1965－1969	2014－04	28.00	280
历届美国中学生数学竞赛试题及解答(第五卷)1970－1972	2014－06	18.00	281
历届美国中学生数学竞赛试题及解答(第六卷)1973－1980	2017－07	18.00	768
历届美国中学生数学竞赛试题及解答(第七卷)1981－1986	2015－01	18.00	424
历届美国中学生数学竞赛试题及解答(第八卷)1987－1990	2017－05	18.00	769
历届中国数学奥林匹克试题集(第3版)	2021－10	58.00	1440
历届加拿大数学奥林匹克试题集	2012－08	38.00	215
历届美国数学奥林匹克试题集:1972～2019	2020－04	88.00	1135
历届波兰数学竞赛试题集.第1卷,1949～1963	2015－03	18.00	453
历届波兰数学竞赛试题集.第2卷,1964～1976	2015－03	18.00	454
历届巴尔干数学奥林匹克试题集	2015－05	38.00	466
保加利亚数学奥林匹克	2014－10	38.00	393
圣彼得堡数学奥林匹克试题集	2015－01	38.00	429
匈牙利奥林匹克数学竞赛题解.第1卷	2016－05	28.00	593
匈牙利奥林匹克数学竞赛题解.第2卷	2016－05	28.00	594
历届美国数学邀请赛试题集(第2版)	2017－10	78.00	851
普林斯顿大学数学竞赛	2016－06	38.00	669
亚太地区数学奥林匹克竞赛题	2015－07	18.00	492
日本历届(初级)广中杯数学竞赛试题及解答.第1卷(2000～2007)	2016－05	28.00	641
日本历届(初级)广中杯数学竞赛试题及解答.第2卷(2008～2015)	2016－05	38.00	642
越南数学奥林匹克题选:1962－2009	2021－07	48.00	1370
360个数学竞赛问题	2016－08	58.00	677
奥数最佳实战题.上卷	2017－06	38.00	760
奥数最佳实战题.下卷	2017－05	58.00	761
哈尔滨市早期中学数学竞赛试题汇编	2016－07	28.00	672
全国高中数学联赛试题及解答:1981—2019(第4版)	2020－07	138.00	1176
2022年全国高中数学联合竞赛模拟题集	2022－06	30.00	1521

刘培杰数学工作室
已出版(即将出版)图书目录——初等数学

书　　名	出版时间	定　价	编号
20世纪50年代全国部分城市数学竞赛试题汇编	2017－07	28.00	797
国内外数学竞赛题及精解:2018～2019	2020－08	45.00	1192
国内外数学竞赛题及精解:2019～2020	2021－11	58.00	1439
许康华竞赛优学精选集.第一辑	2018－08	68.00	949
天问叶班数学问题征解100题.Ⅰ,2016－2018	2019－05	88.00	1075
天问叶班数学问题征解100题.Ⅱ,2017－2019	2020－07	98.00	1177
美国初中数学竞赛:AMC8准备(共6卷)	2019－07	138.00	1089
美国高中数学竞赛:AMC10准备(共6卷)	2019－08	158.00	1105
王连笑教你怎样学数学:高考选择题解题策略与客观题实用训练	2014－01	48.00	262
王连笑教你怎样学数学:高考数学高层次讲座	2015－02	48.00	432
高考数学的理论与实践	2009－08	38.00	53
高考数学核心题型解题方法与技巧	2010－01	28.00	86
高考思维新平台	2014－03	38.00	259
高考数学压轴题解题诀窍(上)(第2版)	2018－01	58.00	874
高考数学压轴题解题诀窍(下)(第2版)	2018－01	48.00	875
北京市五区文科数学三年高考模拟题详解:2013～2015	2015－08	48.00	500
北京市五区理科数学三年高考模拟题详解:2013～2015	2015－09	68.00	505
向量法巧解数学高考题	2009－08	28.00	54
高中数学课堂教学的实践与反思	2021－11	48.00	791
数学高考参考	2016－01	78.00	589
新课程标准高考数学解答题各种题型解法指导	2020－08	78.00	1196
全国及各省市高考数学试题审题要津与解法研究	2015－02	48.00	450
高中数学章节起始课的教学研究与案例设计	2019－05	28.00	1064
新课标高考数学——五年试题分章详解(2007～2011)(上、下)	2011－10	78.00	140,141
全国中考数学压轴题审题要津与解法研究	2013－04	78.00	248
新编全国及各省市中考数学压轴题审题要津与解法研究	2014－05	58.00	342
全国及各省市5年中考数学压轴题审题要津与解法研究(2015版)	2015－04	58.00	462
中考数学专题总复习	2007－04	28.00	6
中考数学较难题常考题型解题方法与技巧	2016－09	48.00	681
中考数学难题常考题型解题方法与技巧	2016－09	48.00	682
中考数学中档题常考题型解题方法与技巧	2017－08	68.00	835
中考数学选择填空压轴好题妙解365	2017－05	38.00	759
中考数学:三类重点考题的解法例析与习题	2020－04	48.00	1140
中小学数学的历史文化	2019－11	48.00	1124
初中平面几何百题多思创新解	2020－01	58.00	1125
初中数学中考备考	2020－01	58.00	1126
高考数学之九章演义	2019－08	68.00	1044
高考数学之难题谈笑间	2022－06	68.00	1519
化学可以这样学:高中化学知识方法智慧感悟疑难辨析	2019－07	58.00	1103
如何成为学习高手	2019－09	58.00	1107
高考数学:经典真题分类解析	2020－04	78.00	1134
高考数学解答题破解策略	2020－11	58.00	1221
从分析解题过程学解题:高考压轴题与竞赛题之关系探究	2020－08	88.00	1179
教学新思考:单元整体视角下的初中数学教学设计	2021－03	58.00	1278
思维再拓展:2020年经典几何题的多解探究与思考	即将出版		1279
中考数学小压轴汇编初讲	2017－07	48.00	788
中考数学大压轴专题微言	2017－09	48.00	846
怎么解中考平面几何探索题	2019－06	48.00	1093
北京中考数学压轴题解题方法突破(第8版)	2022－11	78.00	1577
助你高考成功的数学解题智慧:知识是智慧的基础	2016－01	58.00	596
助你高考成功的数学解题智慧:错误是智慧的试金石	2016－04	58.00	643
助你高考成功的数学解题智慧:方法是智慧的推手	2016－04	68.00	657
高考数学奇思妙解	2016－04	38.00	610
高考数学解题策略	2016－05	48.00	670
数学解题泄天机(第2版)	2017－10	48.00	850

刘培杰数学工作室

已出版(即将出版)图书目录——初等数学

书　　名	出版时间	定　价	编号
高考物理压轴题全解	2017－04	58.00	746
高中物理经典问题 25 讲	2017－05	28.00	764
高中物理教学讲义	2018－01	48.00	871
高中物理教学讲义:全模块	2022－03	98.00	1492
高中物理答疑解惑 65 篇	2021－11	48.00	1462
中学物理基础问题解析	2020－08	48.00	1183
初中数学、高中数学脱节知识补缺教材	2017－06	48.00	766
高考数学小题抢分必练	2017－10	48.00	834
高考数学核心素养解读	2017－09	38.00	839
高考数学客观题解题方法和技巧	2017－10	38.00	847
十年高考数学精品试题审题要津与解法研究	2021－10	98.00	1427
中国历届高考数学试题及解答.1949－1979	2018－01	38.00	877
历届中国高考数学试题及解答.第二卷,1980—1989	2018－10	28.00	975
历届中国高考数学试题及解答.第三卷,1990—1999	2018－10	48.00	976
数学文化与高考研究	2018－03	48.00	882
跟我学解高中数学题	2018－07	58.00	926
中学数学研究的方法及案例	2018－05	58.00	869
高考数学抢分技能	2018－07	68.00	934
高一新生常用数学方法和重要数学思想提升教材	2018－06	38.00	921
2018 年高考数学真题研究	2019－01	68.00	1000
2019 年高考数学真题研究	2020－05	88.00	1137
高考数学全国卷六道解答题常考题型解题诀窍:理科(全 2 册)	2019－07	78.00	1101
高考数学全国卷 16 道选择、填空题常考题型解题诀窍.理科	2018－09	88.00	971
高考数学全国卷 16 道选择、填空题常考题型解题诀窍.文科	2020－01	88.00	1123
高中数学一题多解	2019－06	58.00	1087
历届中国高考数学试题及解答:1917－1999	2021－08	98.00	1371
2000～2003 年全国及各省市高考数学试题及解答	2022－05	88.00	1499
2004 年全国及各省市高考数学试题及解答	2022－07	78.00	1500
突破高原:高中数学解题思维探究	2021－08	48.00	1375
高考数学中的"取值范围"	2021－10	48.00	1429
新课程标准高中数学各种题型解法大全.必修一分册	2021－06	58.00	1315
新课程标准高中数学各种题型解法大全.必修二分册	2022－01	68.00	1471
高中数学各种题型解法大全.选择性必修一分册	2022－06	68.00	1525
高中数学各种题型解法大全.选择性必修二分册	2023－01	58.00	1600
高中数学各种题型解法大全.选择性必修三分册	2023－04	48.00	1643
历届全国初中数学竞赛经典试题详解	2023－04	88.00	1624
新编 640 个世界著名数学智力趣题	2014－01	88.00	242
500 个最新世界著名数学智力趣题	2008－06	48.00	3
400 个最新世界著名数学最值问题	2008－09	48.00	36
500 个世界著名数学征解问题	2009－06	48.00	52
400 个中国最佳初等数学征解老问题	2010－01	48.00	60
500 个俄罗斯数学经典老题	2011－01	28.00	81
1000 个国外中学物理好题	2012－04	48.00	174
300 个日本高考数学题	2012－05	38.00	142
700 个早期日本高考数学试题	2017－02	88.00	752
500 个前苏联早期高考数学试题及解答	2012－05	28.00	185
546 个早期俄罗斯大学生数学竞赛题	2014－03	38.00	285
548 个来自美苏的数学好问题	2014－11	28.00	396
20 所苏联著名大学早期入学试题	2015－02	18.00	452
161 道德国工科大学生必做的微分方程习题	2015－05	28.00	469
500 个德国工科大学生必做的高数习题	2015－06	28.00	478
360 个数学竞赛问题	2016－08	58.00	677
200 个趣味数学故事	2018－02	48.00	857
470 个数学奥林匹克中的最值问题	2018－10	88.00	985
德国讲义日本考题.微积分卷	2015－04	48.00	456
德国讲义日本考题.微分方程卷	2015－04	38.00	457
二十世纪中叶中、英、美、日、法、俄高考数学试题精选	2017－06	38.00	783

刘培杰数学工作室
已出版(即将出版)图书目录——初等数学

书　　名	出版时间	定　价	编号
中国初等数学研究　2009卷(第1辑)	2009—05	20.00	45
中国初等数学研究　2010卷(第2辑)	2010—05	30.00	68
中国初等数学研究　2011卷(第3辑)	2011—07	60.00	127
中国初等数学研究　2012卷(第4辑)	2012—07	48.00	190
中国初等数学研究　2014卷(第5辑)	2014—02	48.00	288
中国初等数学研究　2015卷(第6辑)	2015—06	68.00	493
中国初等数学研究　2016卷(第7辑)	2016—04	68.00	609
中国初等数学研究　2017卷(第8辑)	2017—01	98.00	712
初等数学研究在中国.第1辑	2019—03	158.00	1024
初等数学研究在中国.第2辑	2019—10	158.00	1116
初等数学研究在中国.第3辑	2021—05	158.00	1306
初等数学研究在中国.第4辑	2022—06	158.00	1520
几何变换(Ⅰ)	2014—07	28.00	353
几何变换(Ⅱ)	2015—06	28.00	354
几何变换(Ⅲ)	2015—01	38.00	355
几何变换(Ⅳ)	2015—12	38.00	356
初等数论难题集(第一卷)	2009—05	68.00	44
初等数论难题集(第二卷)(上、下)	2011—02	128.00	82,83
数论概貌	2011—03	18.00	93
代数数论(第二版)	2013—08	58.00	94
代数多项式	2014—06	38.00	289
初等数论的知识与问题	2011—02	28.00	95
超越数论基础	2011—03	28.00	96
数论初等教程	2011—03	28.00	97
数论基础	2011—03	18.00	98
数论基础与维诺格拉多夫	2014—03	18.00	292
解析数论基础	2012—08	28.00	216
解析数论基础(第二版)	2014—01	48.00	287
解析数论问题集(第二版)(原版引进)	2014—05	88.00	343
解析数论问题集(第二版)(中译本)	2016—04	88.00	607
解析数论基础(潘承洞,潘承彪著)	2016—07	98.00	673
解析数论导引	2016—07	58.00	674
数论入门	2011—03	38.00	99
代数数论入门	2015—03	38.00	448
数论开篇	2012—07	28.00	194
解析数论引论	2011—03	48.00	100
Barban Davenport Halberstam 均值和	2009—01	40.00	33
基础数论	2011—03	28.00	101
初等数论100例	2011—05	18.00	122
初等数论经典例题	2012—07	18.00	204
最新世界各国数学奥林匹克中的初等数论试题(上、下)	2012—01	138.00	144,145
初等数论(Ⅰ)	2012—01	18.00	156
初等数论(Ⅱ)	2012—01	18.00	157
初等数论(Ⅲ)	2012—01	28.00	158

刘培杰数学工作室
已出版(即将出版)图书目录——初等数学

书　　名	出版时间	定　价	编号
平面几何与数论中未解决的新老问题	2013-01	68.00	229
代数数论简史	2014-11	28.00	408
代数数论	2015-09	88.00	532
代数、数论及分析习题集	2016-11	98.00	695
数论导引提要及习题解答	2016-01	48.00	559
素数定理的初等证明.第2版	2016-09	48.00	686
数论中的模函数与狄利克雷级数(第二版)	2017-11	78.00	837
数论:数学导引	2018-01	68.00	849
范氏大代数	2019-02	98.00	1016
解析数学讲义.第一卷,导来式及微分、积分、级数	2019-04	88.00	1021
解析数学讲义.第二卷,关于几何的应用	2019-04	68.00	1022
解析数学讲义.第三卷,解析函数论	2019-04	78.00	1023
分析・组合・数论纵横谈	2019-04	58.00	1039
Hall代数:民国时期的中学数学课本:英文	2019-08	88.00	1106
基谢廖夫初等代数	2022-07	38.00	1531
数学精神巡礼	2019-01	58.00	731
数学眼光透视(第2版)	2017-06	78.00	732
数学思想领悟(第2版)	2018-01	68.00	733
数学方法溯源(第2版)	2018-08	68.00	734
数学解题引论	2017-05	58.00	735
数学史话览胜(第2版)	2017-01	48.00	736
数学应用展观(第2版)	2017-08	68.00	737
数学建模尝试	2018-04	48.00	738
数学竞赛采风	2018-01	68.00	739
数学测评探营	2019-05	58.00	740
数学技能操握	2018-03	48.00	741
数学欣赏拾趣	2018-02	48.00	742
从毕达哥拉斯到怀尔斯	2007-10	48.00	9
从迪利克雷到维斯卡尔迪	2008-01	48.00	21
从哥德巴赫到陈景润	2008-05	98.00	35
从庞加莱到佩雷尔曼	2011-08	138.00	136
博弈论精粹	2008-03	58.00	30
博弈论精粹.第二版(精装)	2015-01	88.00	461
数学 我爱你	2008-01	28.00	20
精神的圣徒　别样的人生——60位中国数学家成长的历程	2008-09	48.00	39
数学史概论	2009-06	78.00	50
数学史概论(精装)	2013-03	158.00	272
数学史选讲	2016-01	48.00	544
斐波那契数列	2010-02	28.00	65
数学拼盘和斐波那契魔方	2010-07	38.00	72
斐波那契数列欣赏(第2版)	2018-08	58.00	948
Fibonacci数列中的明珠	2018-06	58.00	928
数学的创造	2011-02	48.00	85
数学美与创造力	2016-01	48.00	595
数海拾贝	2016-01	48.00	590
数学中的美(第2版)	2019-04	68.00	1057
数论中的美学	2014-12	38.00	351

刘培杰数学工作室

已出版(即将出版)图书目录——初等数学

书　　名	出版时间	定　价	编号
数学王者　科学巨人——高斯	2015－01	28.00	428
振兴祖国数学的圆梦之旅:中国初等数学研究史话	2015－06	98.00	490
二十世纪中国数学史料研究	2015－10	48.00	536
数字谜、数阵图与棋盘覆盖	2016－01	58.00	298
时间的形状	2016－01	38.00	556
数学发现的艺术:数学探索中的合情推理	2016－07	58.00	671
活跃在数学中的参数	2016－07	48.00	675
数海趣史	2021－05	98.00	1314
数学解题——靠数学思想给力(上)	2011－07	38.00	131
数学解题——靠数学思想给力(中)	2011－07	48.00	132
数学解题——靠数学思想给力(下)	2011－07	38.00	133
我怎样解题	2013－01	48.00	227
数学解题中的物理方法	2011－06	28.00	114
数学解题的特殊方法	2011－06	48.00	115
中学数学计算技巧(第2版)	2020－10	48.00	1220
中学数学证明方法	2012－01	58.00	117
数学趣题巧解	2012－03	28.00	128
高中数学教学通鉴	2015－05	58.00	479
和高中生漫谈:数学与哲学的故事	2014－08	28.00	369
算术问题集	2017－03	38.00	789
张教授讲数学	2018－07	38.00	933
陈永明实话实说数学教学	2020－04	68.00	1132
中学数学学科知识与教学能力	2020－06	58.00	1155
怎样把课讲好:大罕数学教学随笔	2022－03	58.00	1484
中国高考评价体系下高考数学探秘	2022－03	48.00	1487
自主招生考试中的参数方程问题	2015－01	28.00	435
自主招生考试中的极坐标问题	2015－04	28.00	463
近年全国重点大学自主招生数学试题全解及研究．华约卷	2015－02	38.00	441
近年全国重点大学自主招生数学试题全解及研究．北约卷	2016－05	38.00	619
自主招生数学解证宝典	2015－09	48.00	535
中国科学技术大学创新班数学真题解析	2022－03	48.00	1488
中国科学技术大学创新班物理真题解析	2022－03	58.00	1489
格点和面积	2012－07	18.00	191
射影几何趣谈	2012－04	28.00	175
斯潘纳尔引理——从一道加拿大数学奥林匹克试题谈起	2014－01	28.00	228
李普希兹条件——从几道近年高考数学试题谈起	2012－10	18.00	221
拉格朗日中值定理——从一道北京高考试题的解法谈起	2015－10	18.00	197
闵科夫斯基定理——从一道清华大学自主招生试题谈起	2014－01	28.00	198
哈尔测度——从一道冬令营试题的背景谈起	2012－08	28.00	202
切比雪夫逼近问题——从一道中国台北数学奥林匹克试题谈起	2013－04	38.00	238
伯恩斯坦多项式与贝齐尔曲面——从一道全国高中数学联赛试题谈起	2013－03	38.00	236
卡塔兰猜想——从一道普特南竞赛试题谈起	2013－06	18.00	256
麦卡锡函数和阿克曼函数——从一道前南斯拉夫数学奥林匹克试题谈起	2012－08	18.00	201
贝蒂定理与拉姆贝克莫斯尔定理——从一个拣石子游戏谈起	2012－08	18.00	217
皮亚诺曲线和豪斯道夫分球定理——从无限集谈起	2012－08	18.00	211
平面凸图形与凸多面体	2012－10	28.00	218
斯坦因豪斯问题——从一道二十五省市自治区中学数学竞赛试题谈起	2012－07	18.00	196

刘培杰数学工作室
已出版(即将出版)图书目录——初等数学

书　　名	出版时间	定　价	编号
纽结理论中的亚历山大多项式与琼斯多项式——从一道北京市高一数学竞赛试题谈起	2012－07	28.00	195
原则与策略——从波利亚"解题表"谈起	2013－04	38.00	244
转化与化归——从三大尺规作图不能问题谈起	2012－08	28.00	214
代数几何中的贝祖定理(第一版)——从一道 IMO 试题的解法谈起	2013－08	18.00	193
成功连贯理论与约当块理论——从一道比利时数学竞赛试题谈起	2012－04	18.00	180
素数判定与大数分解	2014－08	18.00	199
置换多项式及其应用	2012－10	18.00	220
椭圆函数与模函数——从一道美国加州大学洛杉矶分校(UCLA)博士资格考题谈起	2012－10	28.00	219
差分方程的拉格朗日方法——从一道 2011 年全国高考理科试题的解法谈起	2012－08	28.00	200
力学在几何中的一些应用	2013－01	38.00	240
从根式解到伽罗华理论	2020－01	48.00	1121
康托洛维奇不等式——从一道全国高中联赛试题谈起	2013－03	28.00	337
西格尔引理——从一道第 18 届 IMO 试题的解法谈起	即将出版		
罗斯定理——从一道前苏联数学竞赛试题谈起	即将出版		
拉克斯定理和阿廷定理——从一道 IMO 试题的解法谈起	2014－01	58.00	246
毕卡大定理——从一道美国大学数学竞赛试题谈起	2014－07	18.00	350
贝齐尔曲线——从一道全国高中联赛试题谈起	即将出版		
拉格朗日乘子定理——从一道 2005 年全国高中联赛试题的高等数学解法谈起	2015－05	28.00	480
雅可比定理——从一道日本数学奥林匹克试题谈起	2013－04	48.00	249
李天岩一约克定理——从一道波兰数学竞赛试题谈起	2014－06	28.00	349
受控理论与初等不等式:从一道 IMO 试题的解法谈起	2023－03	48.00	1601
布劳维不动点定理——从一道前苏联数学奥林匹克试题谈起	2014－01	38.00	273
伯恩赛德定理——从一道英国数学奥林匹克试题谈起	即将出版		
布查特一莫斯特定理——从一道上海市初中竞赛试题谈起	即将出版		
数论中的同余数问题——从一道普特南竞赛试题谈起	即将出版		
范・德蒙行列式——从一道美国数学奥林匹克试题谈起	即将出版		
中国剩余定理:总数法构建中国历史年表	2015－01	28.00	430
牛顿程序与方程求根——从一道全国高考试题解法谈起	即将出版		
库默尔定理——从一道 IMO 预选试题谈起	即将出版		
卢丁定理——从一道冬令营试题的解法谈起	即将出版		
沃斯滕霍姆定理——从一道 IMO 预选试题谈起	即将出版		
卡尔松不等式——从一道莫斯科数学奥林匹克试题谈起	即将出版		
信息论中的香农熵——从一道近年高考压轴题谈起	即将出版		
约当不等式——从一道希望杯竞赛试题谈起	即将出版		
拉比诺维奇定理	即将出版		
刘维尔定理——从一道《美国数学月刊》征解问题的解法谈起	即将出版		
卡塔兰恒等式与级数求和——从一道 IMO 试题的解法谈起	即将出版		
勒让德猜想与素数分布——从一道爱尔兰竞赛试题谈起	即将出版		
天平称重与信息论——从一道基辅市数学奥林匹克试题谈起	即将出版		
哈密尔顿一凯莱定理:从一道高中数学联赛试题的解法谈起	2014－09	18.00	376
艾思特曼定理——从一道 CMO 试题的解法谈起	即将出版		

刘培杰数学工作室

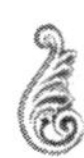

已出版(即将出版)图书目录——初等数学

书　　名	出版时间	定　价	编号
阿贝尔恒等式与经典不等式及应用	2018－06	98.00	923
迪利克雷除数问题	2018－07	48.00	930
幻方、幻立方与拉丁方	2019－08	48.00	1092
帕斯卡三角形	2014－03	18.00	294
蒲丰投针问题——从2009年清华大学的一道自主招生试题谈起	2014－01	38.00	295
斯图姆定理——从一道“华约”自主招生试题的解法谈起	2014－01	18.00	296
许瓦兹引理——从一道加利福尼亚大学伯克利分校数学系博士生试题谈起	2014－08	18.00	297
拉姆塞定理——从王诗宬院士的一个问题谈起	2016－04	48.00	299
坐标法	2013－12	28.00	332
数论三角形	2014－04	38.00	341
毕克定理	2014－07	18.00	352
数林掠影	2014－09	48.00	389
我们周围的概率	2014－10	38.00	390
凸函数最值定理:从一道华约自主招生题的解法谈起	2014－10	28.00	391
易学与数学奥林匹克	2014－10	38.00	392
生物数学趣谈	2015－01	18.00	409
反演	2015－01	28.00	420
因式分解与圆锥曲线	2015－01	18.00	426
轨迹	2015－01	28.00	427
面积原理:从常庚哲命的一道CMO试题的积分解法谈起	2015－01	48.00	431
形形色色的不动点定理:从一道28届IMO试题谈起	2015－01	38.00	439
柯西函数方程:从一道上海交大自主招生的试题谈起	2015－02	28.00	440
三角恒等式	2015－02	28.00	442
无理性判定:从一道2014年“北约”自主招生试题谈起	2015－01	38.00	443
数学归纳法	2015－03	18.00	451
极端原理与解题	2015－04	28.00	464
法雷级数	2014－08	18.00	367
摆线族	2015－01	38.00	438
函数方程及其解法	2015－05	38.00	470
含参数的方程和不等式	2012－09	28.00	213
希尔伯特第十问题	2016－01	38.00	543
无穷小量的求和	2016－01	28.00	545
切比雪夫多项式:从一道清华大学金秋营试题谈起	2016－01	38.00	583
泽肯多夫定理	2016－03	38.00	599
代数等式证题法	2016－01	28.00	600
三角等式证题法	2016－01	28.00	601
吴大任教授藏书中的一个因式分解公式:从一道美国数学邀请赛试题的解法谈起	2016－06	28.00	656
易卦——类万物的数学模型	2017－08	68.00	838
“不可思议”的数与数系可持续发展	2018－01	38.00	878
最短线	2018－01	38.00	879
数学在天文、地理、光学、机械力学中的一些应用	2023－03	88.00	1576
从阿基米德三角形谈起	2023－01	28.00	1578
幻方和魔方(第一卷)	2012－05	68.00	173
尘封的经典——初等数学经典文献选读(第一卷)	2012－07	48.00	205
尘封的经典——初等数学经典文献选读(第二卷)	2012－07	38.00	206
初级方程式论	2011－03	28.00	106
初等数学研究(Ⅰ)	2008－09	68.00	37
初等数学研究(Ⅱ)(上、下)	2009－05	118.00	46,47
初等数学专题研究	2022－10	68.00	1568

刘培杰数学工作室
已出版(即将出版)图书目录——初等数学

书　　名	出版时间	定　价	编号
趣味初等方程妙题集锦	2014－09	48.00	388
趣味初等数论选美与欣赏	2015－02	48.00	445
耕读笔记(上卷)：一位农民数学爱好者的初数探索	2015－04	28.00	459
耕读笔记(中卷)：一位农民数学爱好者的初数探索	2015－05	28.00	483
耕读笔记(下卷)：一位农民数学爱好者的初数探索	2015－05	28.00	484
几何不等式研究与欣赏.上卷	2016－01	88.00	547
几何不等式研究与欣赏.下卷	2016－01	48.00	552
初等数列研究与欣赏·上	2016－01	48.00	570
初等数列研究与欣赏·下	2016－01	48.00	571
趣味初等函数研究与欣赏.上	2016－09	48.00	684
趣味初等函数研究与欣赏.下	2018－09	48.00	685
三角不等式研究与欣赏	2020－10	68.00	1197
新编平面解析几何解题方法研究与欣赏	2021－10	78.00	1426
火柴游戏(第2版)	2022－05	38.00	1493
智力解谜.第1卷	2017－07	38.00	613
智力解谜.第2卷	2017－07	38.00	614
故事智力	2016－07	48.00	615
名人们喜欢的智力问题	2020－01	48.00	616
数学大师的发现、创造与失误	2018－01	48.00	617
异曲同工	2018－09	48.00	618
数学的味道	2018－01	58.00	798
数学千字文	2018－10	68.00	977
数贝偶拾——高考数学题研究	2014－04	28.00	274
数贝偶拾——初等数学研究	2014－04	38.00	275
数贝偶拾——奥数题研究	2014－04	48.00	276
钱昌本教你快乐学数学(上)	2011－12	48.00	155
钱昌本教你快乐学数学(下)	2012－03	58.00	171
集合、函数与方程	2014－01	28.00	300
数列与不等式	2014－01	38.00	301
三角与平面向量	2014－01	28.00	302
平面解析几何	2014－01	38.00	303
立体几何与组合	2014－01	28.00	304
极限与导数、数学归纳法	2014－01	38.00	305
趣味数学	2014－03	28.00	306
教材教法	2014－04	68.00	307
自主招生	2014－05	58.00	308
高考压轴题(上)	2015－01	48.00	309
高考压轴题(下)	2014－10	68.00	310
从费马到怀尔斯——费马大定理的历史	2013－10	198.00	Ⅰ
从庞加莱到佩雷尔曼——庞加莱猜想的历史	2013－10	298.00	Ⅱ
从切比雪夫到爱尔特希(上)——素数定理的初等证明	2013－07	48.00	Ⅲ
从切比雪夫到爱尔特希(下)——素数定理100年	2012－12	98.00	Ⅲ
从高斯到盖尔方特——二次域的高斯猜想	2013－10	198.00	Ⅳ
从库默尔到朗兰兹——朗兰兹猜想的历史	2014－01	98.00	Ⅴ
从比勃巴赫到德布朗斯——比勃巴赫猜想的历史	2014－02	298.00	Ⅵ
从麦比乌斯到陈省身——麦比乌斯变换与麦比乌斯带	2014－02	298.00	Ⅶ
从布尔到豪斯道夫——布尔方程与格论漫谈	2013－10	198.00	Ⅷ
从开普勒到阿诺德——三体问题的历史	2014－05	298.00	Ⅸ
从华林到华罗庚——华林问题的历史	2013－10	298.00	Ⅹ

刘培杰数学工作室
已出版(即将出版)图书目录——初等数学

书　名	出版时间	定　价	编号
美国高中数学竞赛五十讲.第1卷(英文)	2014－08	28.00	357
美国高中数学竞赛五十讲.第2卷(英文)	2014－08	28.00	358
美国高中数学竞赛五十讲.第3卷(英文)	2014－09	28.00	359
美国高中数学竞赛五十讲.第4卷(英文)	2014－09	28.00	360
美国高中数学竞赛五十讲.第5卷(英文)	2014－10	28.00	361
美国高中数学竞赛五十讲.第6卷(英文)	2014－11	28.00	362
美国高中数学竞赛五十讲.第7卷(英文)	2014－12	28.00	363
美国高中数学竞赛五十讲.第8卷(英文)	2015－01	28.00	364
美国高中数学竞赛五十讲.第9卷(英文)	2015－01	28.00	365
美国高中数学竞赛五十讲.第10卷(英文)	2015－02	38.00	366
三角函数(第2版)	2017－04	38.00	626
不等式	2014－01	38.00	312
数列	2014－01	38.00	313
方程(第2版)	2017－04	38.00	624
排列和组合	2014－01	28.00	315
极限与导数(第2版)	2016－04	38.00	635
向量(第2版)	2018－08	58.00	627
复数及其应用	2014－08	28.00	318
函数	2014－01	38.00	319
集合	2020－01	48.00	320
直线与平面	2014－01	28.00	321
立体几何(第2版)	2016－04	38.00	629
解三角形	即将出版		323
直线与圆(第2版)	2016－11	38.00	631
圆锥曲线(第2版)	2016－09	48.00	632
解题通法(一)	2014－07	38.00	326
解题通法(二)	2014－07	38.00	327
解题通法(三)	2014－05	38.00	328
概率与统计	2014－01	28.00	329
信息迁移与算法	即将出版		330
IMO 50年.第1卷(1959－1963)	2014－11	28.00	377
IMO 50年.第2卷(1964－1968)	2014－11	28.00	378
IMO 50年.第3卷(1969－1973)	2014－09	28.00	379
IMO 50年.第4卷(1974－1978)	2016－04	38.00	380
IMO 50年.第5卷(1979－1984)	2015－04	38.00	381
IMO 50年.第6卷(1985－1989)	2015－04	58.00	382
IMO 50年.第7卷(1990－1994)	2016－01	48.00	383
IMO 50年.第8卷(1995－1999)	2016－06	38.00	384
IMO 50年.第9卷(2000－2004)	2015－04	58.00	385
IMO 50年.第10卷(2005－2009)	2016－01	48.00	386
IMO 50年.第11卷(2010－2015)	2017－03	48.00	646

刘培杰数学工作室
已出版(即将出版)图书目录——初等数学

书　　名	出版时间	定　价	编号
数学反思(2006—2007)	2020—09	88.00	915
数学反思(2008—2009)	2019—01	68.00	917
数学反思(2010—2011)	2018—05	58.00	916
数学反思(2012—2013)	2019—01	58.00	918
数学反思(2014—2015)	2019—03	78.00	919
数学反思(2016—2017)	2021—03	58.00	1286
数学反思(2018—2019)	2023—01	88.00	1593
历届美国大学生数学竞赛试题集.第一卷(1938—1949)	2015—01	28.00	397
历届美国大学生数学竞赛试题集.第二卷(1950—1959)	2015—01	28.00	398
历届美国大学生数学竞赛试题集.第三卷(1960—1969)	2015—01	28.00	399
历届美国大学生数学竞赛试题集.第四卷(1970—1979)	2015—01	18.00	400
历届美国大学生数学竞赛试题集.第五卷(1980—1989)	2015—01	28.00	401
历届美国大学生数学竞赛试题集.第六卷(1990—1999)	2015—01	28.00	402
历届美国大学生数学竞赛试题集.第七卷(2000—2009)	2015—08	18.00	403
历届美国大学生数学竞赛试题集.第八卷(2010—2012)	2015—01	18.00	404
新课标高考数学创新题解题诀窍:总论	2014—09	28.00	372
新课标高考数学创新题解题诀窍:必修1～5分册	2014—08	38.00	373
新课标高考数学创新题解题诀窍:选修2—1,2—2,1—1,1—2分册	2014—09	38.00	374
新课标高考数学创新题解题诀窍:选修2—3,4—4,4—5分册	2014—09	18.00	375
全国重点大学自主招生英文数学试题全攻略:词汇卷	2015—07	48.00	410
全国重点大学自主招生英文数学试题全攻略:概念卷	2015—01	28.00	411
全国重点大学自主招生英文数学试题全攻略:文章选读卷(上)	2016—09	38.00	412
全国重点大学自主招生英文数学试题全攻略:文章选读卷(下)	2017—01	58.00	413
全国重点大学自主招生英文数学试题全攻略:试题卷	2015—07	38.00	414
全国重点大学自主招生英文数学试题全攻略:名著欣赏卷	2017—03	48.00	415
劳埃德数学趣题大全.题目卷.1:英文	2016—01	18.00	516
劳埃德数学趣题大全.题目卷.2:英文	2016—01	18.00	517
劳埃德数学趣题大全.题目卷.3:英文	2016—01	18.00	518
劳埃德数学趣题大全.题目卷.4:英文	2016—01	18.00	519
劳埃德数学趣题大全.题目卷.5:英文	2016—01	18.00	520
劳埃德数学趣题大全.答案卷:英文	2016—01	18.00	521
李成章教练奥数笔记.第1卷	2016—01	48.00	522
李成章教练奥数笔记.第2卷	2016—01	48.00	523
李成章教练奥数笔记.第3卷	2016—01	38.00	524
李成章教练奥数笔记.第4卷	2016—01	38.00	525
李成章教练奥数笔记.第5卷	2016—01	38.00	526
李成章教练奥数笔记.第6卷	2016—01	38.00	527
李成章教练奥数笔记.第7卷	2016—01	38.00	528
李成章教练奥数笔记.第8卷	2016—01	48.00	529
李成章教练奥数笔记.第9卷	2016—01	28.00	530

刘培杰数学工作室

已出版(即将出版)图书目录——初等数学

书　　名	出版时间	定　价	编号
第19～23届"希望杯"全国数学邀请赛试题审题要津详细评注(初一版)	2014－03	28.00	333
第19～23届"希望杯"全国数学邀请赛试题审题要津详细评注(初二、初三版)	2014－03	38.00	334
第19～23届"希望杯"全国数学邀请赛试题审题要津详细评注(高一版)	2014－03	28.00	335
第19～23届"希望杯"全国数学邀请赛试题审题要津详细评注(高二版)	2014－03	38.00	336
第19～25届"希望杯"全国数学邀请赛试题审题要津详细评注(初一版)	2015－01	38.00	416
第19～25届"希望杯"全国数学邀请赛试题审题要津详细评注(初二、初三版)	2015－01	58.00	417
第19～25届"希望杯"全国数学邀请赛试题审题要津详细评注(高一版)	2015－01	48.00	418
第19～25届"希望杯"全国数学邀请赛试题审题要津详细评注(高二版)	2015－01	48.00	419
物理奥林匹克竞赛大题典——力学卷	2014－11	48.00	405
物理奥林匹克竞赛大题典——热学卷	2014－04	28.00	339
物理奥林匹克竞赛大题典——电磁学卷	2015－07	48.00	406
物理奥林匹克竞赛大题典——光学与近代物理卷	2014－06	28.00	345
历届中国东南地区数学奥林匹克试题集(2004～2012)	2014－06	18.00	346
历届中国西部地区数学奥林匹克试题集(2001～2012)	2014－07	18.00	347
历届中国女子数学奥林匹克试题集(2002～2012)	2014－08	18.00	348
数学奥林匹克在中国	2014－06	98.00	344
数学奥林匹克问题集	2014－01	38.00	267
数学奥林匹克不等式散论	2010－06	38.00	124
数学奥林匹克不等式欣赏	2011－09	38.00	138
数学奥林匹克超级题库(初中卷上)	2010－01	58.00	66
数学奥林匹克不等式证明方法和技巧(上、下)	2011－08	158.00	134,135
他们学什么:原民主德国中学数学课本	2016－09	38.00	658
他们学什么:英国中学数学课本	2016－09	38.00	659
他们学什么:法国中学数学课本.1	2016－09	38.00	660
他们学什么:法国中学数学课本.2	2016－09	28.00	661
他们学什么:法国中学数学课本.3	2016－09	38.00	662
他们学什么:苏联中学数学课本	2016－09	28.00	679
高中数学题典——集合与简易逻辑・函数	2016－07	48.00	647
高中数学题典——导数	2016－07	48.00	648
高中数学题典——三角函数・平面向量	2016－07	48.00	649
高中数学题典——数列	2016－07	58.00	650
高中数学题典——不等式・推理与证明	2016－07	38.00	651
高中数学题典——立体几何	2016－07	48.00	652
高中数学题典——平面解析几何	2016－07	78.00	653
高中数学题典——计数原理・统计・概率・复数	2016－07	48.00	654
高中数学题典——算法・平面几何・初等数论・组合数学・其他	2016－07	68.00	655

刘培杰数学工作室

已出版(即将出版)图书目录——初等数学

书　名	出版时间	定　价	编号
台湾地区奥林匹克数学竞赛试题.小学一年级	2017－03	38.00	722
台湾地区奥林匹克数学竞赛试题.小学二年级	2017－03	38.00	723
台湾地区奥林匹克数学竞赛试题.小学三年级	2017－03	38.00	724
台湾地区奥林匹克数学竞赛试题.小学四年级	2017－03	38.00	725
台湾地区奥林匹克数学竞赛试题.小学五年级	2017－03	38.00	726
台湾地区奥林匹克数学竞赛试题.小学六年级	2017－03	38.00	727
台湾地区奥林匹克数学竞赛试题.初中一年级	2017－03	38.00	728
台湾地区奥林匹克数学竞赛试题.初中二年级	2017－03	38.00	729
台湾地区奥林匹克数学竞赛试题.初中三年级	2017－03	28.00	730
不等式证题法	2017－04	28.00	747
平面几何培优教程	2019－08	88.00	748
奥数鼎级培优教程.高一分册	2018－09	88.00	749
奥数鼎级培优教程.高二分册.上	2018－04	68.00	750
奥数鼎级培优教程.高二分册.下	2018－04	68.00	751
高中数学竞赛冲刺宝典	2019－04	68.00	883
初中尖子生数学超级题典.实数	2017－07	58.00	792
初中尖子生数学超级题典.式、方程与不等式	2017－08	58.00	793
初中尖子生数学超级题典.圆、面积	2017－08	38.00	794
初中尖子生数学超级题典.函数、逻辑推理	2017－08	48.00	795
初中尖子生数学超级题典.角、线段、三角形与多边形	2017－07	58.00	796
数学王子——高斯	2018－01	48.00	858
坎坷奇星——阿贝尔	2018－01	48.00	859
闪烁奇星——伽罗瓦	2018－01	58.00	860
无穷统帅——康托尔	2018－01	48.00	861
科学公主——柯瓦列夫斯卡娅	2018－01	48.00	862
抽象代数之母——埃米·诺特	2018－01	48.00	863
电脑先驱——图灵	2018－01	58.00	864
昔日神童——维纳	2018－01	48.00	865
数坛怪侠——爱尔特希	2018－01	68.00	866
传奇数学家徐利治	2019－09	88.00	1110
当代世界中的数学.数学思想与数学基础	2019－01	38.00	892
当代世界中的数学.数学问题	2019－01	38.00	893
当代世界中的数学.应用数学与数学应用	2019－01	38.00	894
当代世界中的数学.数学王国的新疆域(一)	2019－01	38.00	895
当代世界中的数学.数学王国的新疆域(二)	2019－01	38.00	896
当代世界中的数学.数林撷英(一)	2019－01	38.00	897
当代世界中的数学.数林撷英(二)	2019－01	48.00	898
当代世界中的数学.数学之路	2019－01	38.00	899

刘培杰数学工作室
已出版(即将出版)图书目录——初等数学

书　　名	出版时间	定　价	编号
105 个代数问题:来自 AwesomeMath 夏季课程	2019－02	58.00	956
106 个几何问题:来自 AwesomeMath 夏季课程	2020－07	58.00	957
107 个几何问题:来自 AwesomeMath 全年课程	2020－07	58.00	958
108 个代数问题:来自 AwesomeMath 全年课程	2019－01	68.00	959
109 个不等式:来自 AwesomeMath 夏季课程	2019－04	58.00	960
国际数学奥林匹克中的 110 个几何问题	即将出版		961
111 个代数和数论问题	2019－05	58.00	962
112 个组合问题:来自 AwesomeMath 夏季课程	2019－05	58.00	963
113 个几何不等式:来自 AwesomeMath 夏季课程	2020－08	58.00	964
114 个指数和对数问题:来自 AwesomeMath 夏季课程	2019－09	48.00	965
115 个三角问题:来自 AwesomeMath 夏季课程	2019－09	58.00	966
116 个代数不等式:来自 AwesomeMath 全年课程	2019－04	58.00	967
117 个多项式问题:来自 AwesomeMath 夏季课程	2021－09	58.00	1409
118 个数学竞赛不等式	2022－08	78.00	1526
紫色彗星国际数学竞赛试题	2019－02	58.00	999
数学竞赛中的数学:为数学爱好者、父母、教师和教练准备的丰富资源.第一部	2020－04	58.00	1141
数学竞赛中的数学:为数学爱好者、父母、教师和教练准备的丰富资源.第二部	2020－07	48.00	1142
和与积	2020－10	38.00	1219
数论:概念和问题	2020－12	68.00	1257
初等数学问题研究	2021－03	48.00	1270
数学奥林匹克中的欧几里得几何	2021－10	68.00	1413
数学奥林匹克题解新编	2022－01	58.00	1430
图论入门	2022－09	58.00	1554
澳大利亚中学数学竞赛试题及解答(初级卷)1978～1984	2019－02	28.00	1002
澳大利亚中学数学竞赛试题及解答(初级卷)1985～1991	2019－02	28.00	1003
澳大利亚中学数学竞赛试题及解答(初级卷)1992～1998	2019－02	28.00	1004
澳大利亚中学数学竞赛试题及解答(初级卷)1999～2005	2019－02	28.00	1005
澳大利亚中学数学竞赛试题及解答(中级卷)1978～1984	2019－03	28.00	1006
澳大利亚中学数学竞赛试题及解答(中级卷)1985～1991	2019－03	28.00	1007
澳大利亚中学数学竞赛试题及解答(中级卷)1992～1998	2019－03	28.00	1008
澳大利亚中学数学竞赛试题及解答(中级卷)1999～2005	2019－03	28.00	1009
澳大利亚中学数学竞赛试题及解答(高级卷)1978～1984	2019－05	28.00	1010
澳大利亚中学数学竞赛试题及解答(高级卷)1985～1991	2019－05	28.00	1011
澳大利亚中学数学竞赛试题及解答(高级卷)1992～1998	2019－05	28.00	1012
澳大利亚中学数学竞赛试题及解答(高级卷)1999～2005	2019－05	28.00	1013
天才中小学生智力测验题.第一卷	2019－03	38.00	1026
天才中小学生智力测验题.第二卷	2019－03	38.00	1027
天才中小学生智力测验题.第三卷	2019－03	38.00	1028
天才中小学生智力测验题.第四卷	2019－03	38.00	1029
天才中小学生智力测验题.第五卷	2019－03	38.00	1030
天才中小学生智力测验题.第六卷	2019－03	38.00	1031
天才中小学生智力测验题.第七卷	2019－03	38.00	1032
天才中小学生智力测验题.第八卷	2019－03	38.00	1033
天才中小学生智力测验题.第九卷	2019－03	38.00	1034
天才中小学生智力测验题.第十卷	2019－03	38.00	1035
天才中小学生智力测验题.第十一卷	2019－03	38.00	1036
天才中小学生智力测验题.第十二卷	2019－03	38.00	1037
天才中小学生智力测验题.第十三卷	2019－03	38.00	1038

刘培杰数学工作室

已出版(即将出版)图书目录——初等数学

书　　名	出版时间	定　价	编号
重点大学自主招生数学备考全书:函数	2020—05	48.00	1047
重点大学自主招生数学备考全书:导数	2020—08	48.00	1048
重点大学自主招生数学备考全书:数列与不等式	2019—10	78.00	1049
重点大学自主招生数学备考全书:三角函数与平面向量	2020—08	68.00	1050
重点大学自主招生数学备考全书:平面解析几何	2020—07	58.00	1051
重点大学自主招生数学备考全书:立体几何与平面几何	2019—08	48.00	1052
重点大学自主招生数学备考全书:排列组合・概率统计・复数	2019—09	48.00	1053
重点大学自主招生数学备考全书:初等数论与组合数学	2019—08	48.00	1054
重点大学自主招生数学备考全书:重点大学自主招生真题.上	2019—04	68.00	1055
重点大学自主招生数学备考全书:重点大学自主招生真题.下	2019—04	58.00	1056
高中数学竞赛培训教程:平面几何问题的求解方法与策略.上	2018—05	68.00	906
高中数学竞赛培训教程:平面几何问题的求解方法与策略.下	2018—06	78.00	907
高中数学竞赛培训教程:整除与同余以及不定方程	2018—01	88.00	908
高中数学竞赛培训教程:组合计数与组合极值	2018—04	48.00	909
高中数学竞赛培训教程:初等代数	2019—04	78.00	1042
高中数学讲座:数学竞赛基础教程(第一册)	2019—06	48.00	1094
高中数学讲座:数学竞赛基础教程(第二册)	即将出版		1095
高中数学讲座:数学竞赛基础教程(第三册)	即将出版		1096
高中数学讲座:数学竞赛基础教程(第四册)	即将出版		1097
新编中学数学解题方法 1000 招丛书.实数(初中版)	2022—05	58.00	1291
新编中学数学解题方法 1000 招丛书.式(初中版)	2022—05	48.00	1292
新编中学数学解题方法 1000 招丛书.方程与不等式(初中版)	2021—04	58.00	1293
新编中学数学解题方法 1000 招丛书.函数(初中版)	2022—05	38.00	1294
新编中学数学解题方法 1000 招丛书.角(初中版)	2022—05	48.00	1295
新编中学数学解题方法 1000 招丛书.线段(初中版)	2022—05	48.00	1296
新编中学数学解题方法 1000 招丛书.三角形与多边形(初中版)	2021—04	48.00	1297
新编中学数学解题方法 1000 招丛书.圆(初中版)	2022—05	48.00	1298
新编中学数学解题方法 1000 招丛书.面积(初中版)	2021—07	28.00	1299
新编中学数学解题方法 1000 招丛书.逻辑推理(初中版)	2022—06	48.00	1300
高中数学题典精编.第一辑.函数	2022—01	58.00	1444
高中数学题典精编.第一辑.导数	2022—01	68.00	1445
高中数学题典精编.第一辑.三角函数・平面向量	2022—01	68.00	1446
高中数学题典精编.第一辑.数列	2022—01	58.00	1447
高中数学题典精编.第一辑.不等式・推理与证明	2022—01	58.00	1448
高中数学题典精编.第一辑.立体几何	2022—01	58.00	1449
高中数学题典精编.第一辑.平面解析几何	2022—01	68.00	1450
高中数学题典精编.第一辑.统计・概率・平面几何	2022—01	58.00	1451
高中数学题典精编.第一辑.初等数论・组合数学・数学文化・解题方法	2022—01	58.00	1452
历届全国初中数学竞赛试题分类解析.初等代数	2022—09	98.00	1555
历届全国初中数学竞赛试题分类解析.初等数论	2022—09	48.00	1556
历届全国初中数学竞赛试题分类解析.平面几何	2022—09	38.00	1557
历届全国初中数学竞赛试题分类解析.组合	2022—09	38.00	1558

联系地址:哈尔滨市南岗区复华四道街 10 号　**哈尔滨工业大学出版社刘培杰数学工作室**

网　　址:http://lpj.hit.edu.cn/

邮　　编:150006

联系电话:0451－86281378　　13904613167

E-mail:lpj1378@163.com